建设工程监理规范
GB/T 50319－2013
应用指南

中国建设监理协会　组织编写

中国建筑工业出版社

图书在版编目（CIP）数据

建设工程监理规范 GB/T 50319－2013 应用指南/中国建设
监理协会组织编写 . —北京：中国建筑工业出版社，2013.7（2024.5重印）
ISBN 978-7-112-15537-8

Ⅰ. ①建… Ⅱ. ①中… Ⅲ. ①建筑工程—监理工作—规
范—中国—指南 Ⅳ. ①TU712- 62

中国版本图书馆 CIP 数据核字（2013）第 131710 号

为了帮助读者更好地理解和使用《建设工程监理规范》（GB/T 50319－2013），编者
根据规范修订过程中收集的资料和多年的实践经验，编写了这本与规范配套的《建设工监
理规范 GB/T 50319－2013 应用指南》，主要内容包括：修订概况、内容解析和表格应用
三部分。本书作为一种辅助性教材，具有较强的针对性、指导性和补充性的特点。

＊　　　＊　　　＊

责任编辑：郦锁林
责任设计：李志立
责任校对：党　蕾　陈晶晶

建设工程监理规范
GB/T 50319－2013
应用指南
中国建设监理协会　组织编写

＊

中国建筑工业出版社出版、发行（北京西郊百万庄）
各地新华书店、建筑书店经销
北京永峥排版公司制版
建工社（河北）印刷有限公司印刷

＊

开本：787×1092毫米　1/16　印张：8½　字数：200千字
2013 年 7 月第一版　2024 年 5 月第十七次印刷
定价：30.00 元
ISBN 978-7-112-15537-8
（24132）

《建设工程监理规范应用指南》
编审委员会

主　任：郭允冲

副主任：宋友春　刘晓艳　修　璐　王学军

主　审：刘长滨　黄文杰　孙占国

副主审：赵毅明　梁　峰　江　华　商丽萍

主　编：刘伊生　温　健

副主编：杨卫东　龚花强　李　伟

其他编审人员：李清立　张守健　周　坚　田成钢　邓铁军

马　丛　朱本祥　陆　霖　张元勃　刘洪兵

郑大明　安玉杰　姜树青

前　　言

　　2013 年 5 月 13 日，住房城乡建设部和国家质量技术监督总局联合发布了国家标准《建设工程监理规范》（GB/T 50319-2013）（以下简称《规范》），该《规范》是由主编单位中国建设监理协会根据原建设部标准定额司"关于印发《2004 年工程建设国家标准制订、修订计划》的通知"（建标〔2004〕67 号）要求，对原《建设工程监理规范》（GB 50319-2000）进行了修订。在修订过程中，中国建设监理协会成立了由专家教授、建设主管部门和企业负责人等组成的修订组，进行广泛调查研究，征求业主、施工单位、高等院校、行业主管部门及工程监理企业的意见，吸收总结了 20 多年来建设工程监理的研究成果和实践经验，并贯彻落实了近年来出台的有关建设工程监理的法律法规和政策。修订后的《规范》共分 9 章，包括：总则，术语，项目监理机构及其设施，监理规划及监理实施细则，工程质量、造价、进度控制及安全生产管理的监理工作，工程变更、索赔及施工合同争议，监理文件资料管理，设备采购与设备监造，相关服务等内容。

　　由于工程监理制度是我国建设领域重要的管理制度，《规范》的修订发布，对工程建设影响广泛、意义重大，编写规范应用指南，旨在全面宣贯《规范》，帮助工程建设参与方特别是工程监理企业准确理解和执行《规范》，提高监理工作质量，确保工程质量和经济效益。

《建设工程监理规范》编写组

2013 年 6 月

目　　录

第一部分 修订概况

1 修订的必要性和依据

建设工程监理作为工程建设不可缺少的一项重要制度，在我国已实施 20 多年。一大批基础设施项目、住宅项目、工业项目，以及大量的公共建筑项目按国家规定实施了强制监理。多年来实践证明，建设工程监理对于保证建设工程质量和投资效益发挥了十分重要的作用，已得到社会的广泛认可。

为提高建设工程监理水平，规范建设工程监理行为，原建设部和国家质量技术监督局于 2000 年颁布了《建设工程监理规范》（GB 50319—2000），该规范在建设工程监理实践中发挥了重要作用。

随着我国建设工程监理相关法规及政策的不断完善，特别是《建设工程安全生产管理条例》等行政法规的颁布实施，以及建设单位对涵盖策划决策、建设实施全过程项目管理服务等方面的需求，《建设工程监理规范》（GB 50319—2000）已不能完全满足建设工程监理与相关服务实践的需要。因此，非常有必要进行修订。

修订《建设工程监理规范》的主要依据是：《建筑法》、《建设工程质量管理条例》、《建设工程安全生产管理条例》、《建设工程监理与相关服务收费管理规定》（发改价格〔2007〕670 号）等有关法律法规及政策；《建设工程监理合同（示范文本）》（GF-2012-0202），并综合考虑了九部委联合颁布的《标准施工招标文件》（第 56 号令）中通用合同条款的相关内容。

2 修订的基本原则

《建设工程监理规范》的修订遵循与时俱进、协调一致、专业通用、各方参与、易于操作等原则。

（1）与时俱进原则。修订后的《建设工程监理规范》力求反映法规政策相关规定，如：增加安全生产管理的监理工作内容；增加相关服务内容；调整监理人员资格等。

（2）协调一致原则。修订后的《建设工程监理规范》与《建设工程监理与相关服务收费管理规定》（发改价格〔2007〕670 号）、《建设工程监理合同（示范文本）》（GF-2012-0202）在工程监理的定位、工程监理与相关服务的内涵和范围等方面协调一致。

（3）专业通用原则。修订后的《建设工程监理规范》适用于各类建设工程，尽量考虑各类工程的共性问题，不仅仅适用于房屋建筑工程和市政工程。

（4）各方参与原则。参与修订《建设工程监理规范》的专家是来自政府主管部门、行业协会、建设单位、监理单位、施工单位、高等院校等。

（5）易于操作原则。修订后的《建设工程监理规范》更多地考虑了实用性和可操作性，细化了有关条款。

3　修订的主要内容

本次修订的主要内容包括以下几个方面。

3.1　增加了相关服务专章

按照工程监理定位，工程监理是指工程监理单位受建设单位委托，在工程施工阶段进行"三控两管一协调"，并履行建设工程安全生产管理的法定职责。除此之外，工程监理单位受建设单位委托，按照建设工程监理合同约定，在建设工程勘察、设计、保修等阶段提供的服务活动均称为相关服务。为了与《建设工程监理与相关服务收费管理规定》（发改价格〔2007〕670号）和《建设工程监理合同（示范文本）》（GF-2012-0202）相配套，修订后的《建设工程监理规范》增加了第9章相关服务。

3.2　调整了章节结构和名称

原《建设工程监理规范》包括：总则；术语；项目监理机构及其设施；监理规划及监理实施细则；施工阶段的监理工作；施工合同管理的其他工作；施工阶段监理资料的管理；设备采购监理与设备监造等8章及附录——施工阶段监理工作的基本表式。为增强《建设工程监理规范》的逻辑性，并体现新增内容，修订后的《建设工程监理规范》包括9章内容及附录，即：总则；术语；项目监理机构及其设施；监理规划及监理实施细则；工程质量、造价、进度控制及安全生产管理的监理工作；工程变更、索赔及施工合同争议；监理文件资料管理；设备采购与设备监造；相关服务；以及附录A、B、C——建设工程监理基本表式。

3.3　增加了术语的数量

将术语从原来的19个增加到24个，增加了"工程监理单位"、"建设工程监理"、"相关服务"、"监理日志"、"监理月报"、"工程延期"、"工期延误"、"监理文件资料"等术语，删除了"工地例会"、"工程计量"和"费用索赔"3个常用术语，并按工程建设标准编制要求，给出了每一个术语的英文名称。此外，还在总监理工程师、总监理工程师代表、专业监理工程师、监理员等术语中明确了相应监理人员的任职条件。

3.4　增加了安全生产管理工作内容

修订后的《建设工程监理规范》不仅在监理规划中明确了安全生产管理职责，而且按《建设工程安全生产管理条例》规定，明确要求项目监理机构要审查施工组织设计中的安全技术措施、专项施工方案是否符合工程建设强制性标准，特别是增加了5.5节安全生产管理的监理工作，明确了专项施工方案的审查内容、生产安全事故隐患的处理以及监理报告的表式。

3.5 强化了可操作性

例如，原《建设工程监理规范》中仅要求项目监理机构审查施工单位报送的施工组织设计、施工方案、施工进度计划；修订后的《建设工程监理规范》不仅要求项目监理机构审查施工单位报送的施工组织设计、（专项）施工方案、施工进度计划等文件，而且明确了上述文件的审查内容。再有，修订后的《建设工程监理规范》进一步明确了监理规划应包括的内容，即：工程质量、造价、进度控制，合同与信息管理，组织协调以及安全生产管理职责。此外，还明确了工程质量评估报告、监理日志等文件应包括的内容等。

3.6 修改了不够协调一致的部分内容

例如，原《建设工程监理规范》要求总监理工程师应"主持编写项目监理规划"，而专业监理工程师的职责中并未涉及监理规划的编制；修订后的《建设工程监理规划》则明确要求总监理工程师应"组织编制监理规划"，而专业监理工程师应"参与编制监理规划"。原《建设工程监理规范》中，总监理工程师不得委托给总监理工程师代表的工作内容与总监理工程师的职责不够一致；修订后的《建设工程监理规范》中细化了相关职责并保持了一致性。原《建设工程监理规范》中要求总监理工程师应"审查分包单位的资质，并提出审查意见"，专业监理工程师职责中则无此要求；修订后的《建设工程监理规范》则明确要求总监理工程师要"组织审核分包单位资格"，而专业监理工程师要"参与审核分包单位资格"。原《建设工程监理规范》要求专业监理工程师、监理员均应做好监理日记；修订后的《建设工程监理规范》只要求专业监理工程师应填写监理日志，记录建设工程监理工作及建设工程实施情况，并说明不能将监理日志等同于监理人员的个人日记。

第二部分 内容解析

1 总 则

本章明确了规范的制定目的、适用范围、基本要求、监理依据等内容。

1.0.1 为规范建设工程监理与相关服务行为，提高建设工程监理与相关服务水平，制定本规范。

【条文说明】建设工程监理制度自 1988 年开始实施以来，对于实现建设工程质量、进度、投资目标控制和加强建设工程安全生产管理发挥了重要作用。随着我国建设工程投资管理体制改革的不断深化和工程监理单位服务范围的不断拓展，在工程勘察、设计、保修等阶段为建设单位提供的相关服务也越来越多，为进一步规范建设工程监理与相关服务行为，提高服务水平，特在《建设工程监理规范》GB 50319—2000 基础上修订形成本规范。

【条文解析】本条明确了制定规范的目的，增加了相关服务，拓展了工程监理单位的服务范围。

1.0.2 本规范适用于新建、扩建、改建建设工程监理与相关服务活动。

【条文说明】本规范适用于新建、扩建、改建的土木工程、建筑工程、线路管道工程、设备安装工程和装饰装修工程等建设工程监理与相关服务活动。

【条文解析】本条明确了规范的适用范围。根据《建设工程质量管理条例》、《建设工程安全生产管理条例》等法规，建设工程是指土木工程、建筑工程、线路管道工程、设备安装工程和装饰装修工程。上述工程无论是新建、扩建还是改建，其监理与相关服务活动均应执行本规范。

1.0.3 实施建设工程监理前，建设单位应委托具有相应资质的工程监理单位，并以书面形式与工程监理单位订立建设工程监理合同，合同中应包括监理工作的范围、内容、服务期限和酬金，以及双方的义务、违约责任等相关条款。

在订立建设工程监理合同时，建设单位将勘察、设计、保修阶段等相关服务一并委托的，应在合同中明确相关服务的工作范围、内容、服务期限和酬金等相关条款。

【条文说明】建设工程监理合同是工程监理单位实施监理与相关服务的主要依据之一，建设单位与工程监理单位应以书面形式订立建设工程监理合同。

【条文解析】本条明确了监理合同的形式和内容。《建筑法》第三十一条规定，"实行监理的建筑工程，由建设单位委托具有相应资质条件的工程监理单位监理。建设单位与其委托的工程监理单位应当订立书面委托监理合同。"根据《建设工程监理合同（示范文本)》，建设工程监理合同应包括监理工作的范围、内容、服务期限和酬金，双方的义务、违约责任等相关条款。如果工程监理单位受委托提供相关服务的，建设工程监理合同还应包括相关服务的工作范围、内容、服务期限和酬金等相关条款。

1.0.4 工程开工前，建设单位应将工程监理单位的名称，监理的范围、内容和权限及总监理工程师的姓名书面通知施工单位。

【条文解析】本条是新增内容，明确了建设单位应履行的通知义务。《建筑法》第三十三条规定，"实施建筑工程监理前，建设单位应当将委托的工程监理单位、监理的内容及监理权限，书面通知被监理的建筑施工企业。"为了强化总监理工程师负责制，总监理工程师的姓名也应通知施工单位。

1.0.5 在建设工程监理工作范围内，建设单位与施工单位之间涉及施工合同的联系活动，应通过工程监理单位进行。

【条文说明】在监理工作范围内，为保证工程监理单位独立、公平地实施监理工作，避免出现不必要的合同纠纷，建设单位与施工单位之间涉及施工合同的联系活动，均应通过工程监理单位进行。

【条文解析】本条明确了监理的地位和作用。《建设工程监理合同（示范文本）》"3.5委托人意见或要求"规定，"在本合同约定的监理与相关服务工作范围内，委托人对承包人的任何意见或要求应通知监理人，由监理人向承包人发出相应指令。"反之，施工单位的任何意见或要求，也应通知工程监理单位派驻的项目监理机构，即使是对建设单位的意见或要求，也应通过工程监理单位派驻的项目监理机构提出。

1.0.6 实施建设工程监理应遵循下列主要依据：

1. 法律法规及工程建设标准；
2. 建设工程勘察设计文件；
3. 建设工程监理合同及其他合同文件。

【条文说明】工程监理单位实施建设工程监理的主要依据包括三部分，即：①法律法规及工程建设标准，如：《建筑法》、《建设工程质量管理条例》、《建设工程安全生产管理条例》等法律法规及相应的工程技术和管理标准，包括工程建设强制性标准，本规范也是实施监理的重要依据；②建设工程勘察设计文件，既是工程施工的重要依据，也是工程监理的主要依据；③建设工程监理合同是实施监理的直接依据，建设单位与其他相关单位签订的合同（如与施工单位签订的施工合同、与材料设备供应单位签订的材料设备采购合同等）也是实施监理的重要依据。

【条文解析】本条是依据《建设工程监理合同（示范文本）》（GF-2012-0202）新增的内容。《建设工程监理合同（示范文本）》2.2.1款规定，除上述依据外，"双方根据工程的行业和地域特点，在专用条件中具体约定监理依据"。

1.0.7 建设工程监理应实行总监理工程师负责制。

【条文说明】总监理工程师负责制是指由总监理工程师全面负责建设工程监理实施工作。总监理工程师是工程监理单位法定代表人书面任命的项目监理机构负责人，是工程监理单位履行建设工程监理合同的全权代表。

【条文解析】本条明确了建设工程监理的基本制度。《建设工程监理合同（示范文本）》（GF-2012-0202）协议书中也要求明确总监理工程师的姓名、身份证号和注册号。

1.0.8 建设工程监理宜实施信息化管理。

【条文说明】工程监理单位不仅自身实施信息化管理，还可根据建设工程监理合同的约定协助建设单位建立信息管理平台，促进建设工程各参与方基于信息平台协同工作。

【条文解析】本条是新增内容，明确了监理的基本要求。随着信息技术的广泛应用及建设工程规模的不断增大，实施信息化管理已成为发展趋势。

1.0.9 工程监理单位应公平、独立、诚信、科学地开展建设工程监理与相关服务活动。

【条文说明】工程监理单位在实施建设工程监理与相关服务时，要公平地处理工作中出现的问题，独立地进行判断和行使职权，科学地为建设单位提供专业化服务，既要维护建设单位的合法权益，也不能损害其他有关单位的合法权益。

【条文解析】本条明确了监理与相关服务的基本准则。尽管工程监理单位是受建设单位委托，但应公平地处理有关问题。独立是工程监理单位公平地开展监理与相关服务活动的前提。《建筑法》第三十四条规定，"工程监理单位与被监理工程的承包单位以及建筑材料、建筑构配件和设备供应单位不得有隶属关系或者其他利害关系"。诚信、科学是监理与相关服务质量的根本保证。

倡导"公平、独立、诚信、科学"的原则，更符合科学发展观及工程监理实际。同时与《建设工程监理合同（示范文本）》（GF-2012-0202）相一致。

1.0.10 建设工程监理与相关服务活动，除应符合本规范外，尚应符合国家现行有关标准的规定。

【条文解析】本条明确了本规范与其他有关标准的关系。

2 术　语

本章定义了规范所用的24个主要术语。

2.0.1　工程监理单位　Construction project management enterprise

依法成立并取得建设主管部门颁发的工程监理企业资质证书，从事建设工程监理与相关服务活动的服务机构。

【条文说明】工程监理单位是受建设单位委托为其提供管理和技术服务的独立法人或经济组织。工程监理单位不同于生产经营单位，既不直接进行工程设计和施工生产，也不参与施工单位的利润分成。

【条文解析】本条是新增内容，明确了工程监理属于咨询服务业。工程监理单位只是为建设单位提供管理和技术服务，不直接进行工程设计和施工，不是建筑产品的生产经营单位，因此，工程监理单位不对建筑产品质量、生产安全承担直接责任。

2.0.2　建设工程监理　Construction project management

工程监理单位受建设单位委托，根据法律法规、工程建设标准、勘察设计文件及合同，在施工阶段对建设工程质量、进度、造价进行控制，对合同、信息进行管理，对工程建设相关方的关系进行协调，并履行建设工程安全生产管理法定职责的服务活动。

【条文说明】建设工程监理是一项具有中国特色的工程建设管理制度。工程监理单位要依据法律法规、工程建设标准、勘察设计文件、建设工程监理合同及其他合同文件，代表建设单位在施工阶段对建设工程质量、造价、进度进行控制，对合同、信息进行管理，对工程建设相关方的关系进行协调，即："三控两管一协调"，同时还要依据《建设工程安全生产管理条例》等法规、政策，履行建设工程安全生产管理的法定职责。

【条文解析】本条是新增内容，说明了受建设单位委托是实施监理的前提，明确了监理的依据、工作范围和内容。

根据《建筑法》第三十二条，"建筑工程监理应当依照法律、行政法规及有关的技术标准、设计文件和建筑工程承包合同，对承包单位在施工质量、建设工期和建设资金使用等方面，代表建设单位实施监督。"因此，工程监理单位代表建设单位对工程的施工质量、进度、造价进行控制是其基本工作内容和任务，对合同、信息进行管理及协调工程建设相关方的关系，是实现项目管理目标的主要手段。

尽管《建筑法》第四十五条规定，"施工现场安全由建筑施工企业负责。"但根据《建设工程安全生产管理条例》第四条，"建设单位、勘察单位、设计单位、施工单位、工程监理单位及其他与建设工程安全生产有关的单位，必须遵守安全生产法律、法规的规定，保证建设工程安全生产，依法承担建设工程安全生产责任。"为此，工程监理单位还应履行建设工程安全生产管理的法定职责。

2.0.3　相关服务　Related services

工程监理单位受建设单位委托，按照建设工程监理合同约定，在建设工程勘察、设计、保修等阶段提供的服务活动。

【条文说明】工程监理单位根据建设工程监理合同约定，在工程勘察、设计、保修等阶段为建设单位提供的专业化服务均属于相关服务。

【条文解析】本条是新增内容，明确了与监理相关的服务内容。相关服务是在监理合同中明确的监理工作以外的服务。如果建设单位只要求工程监理单位提供监理以外的咨询服务，则双方不必签订监理合同，只需签订咨询服务合同。

2.0.4　项目监理机构　Project management department

工程监理单位派驻工程负责履行建设工程监理合同的组织机构。

【条文解析】本条明确了项目监理机构的性质和地位。

2.0.5　注册监理工程师　Registered project management engineer

取得国务院建设主管部门颁发的《中华人民共和国注册监理工程师注册执业证书》和执业印章，从事建设工程监理与相关服务等活动的人员。

【条文说明】从事建设工程监理与相关服务等工程管理活动的人员取得注册监理工程师执业资格，应参加国务院人事和建设主管部门组织的全国统一考试或考核认定，获得《中华人民共和国监理工程师执业资格证书》，并经国务院建设主管部门注册，获得《中华人民共和国注册监理工程师注册执业证书》和执业印章。

【条文解析】本条明确了注册监理工程师的执业资格。

2.0.6　总监理工程师　Chief project management engineer

由工程监理单位法定代表人书面任命，负责履行建设工程监理合同、主持项目监理机构工作的注册监理工程师。

【条文说明】总监理工程师应由工程监理单位法定代表人书面任命。总监理工程师是项目监理机构的负责人，应由注册监理工程师担任。

【条文解析】本条明确了总监理工程师的任职条件，要求总监理工程师应由注册监理工程师担任。

2.0.7　总监理工程师代表　Representative of chief project management engineer

经工程监理单位法定代表人同意，由总监理工程师书面授权，代表总监理工程师行使其部分职责和权力，具有工程类注册执业资格或具有中级及以上专业技术职称、3年及以上工程实践经验并经监理业务培训的人员。

【条文说明】总监理工程师应在总监理工程师代表的书面授权中，列明代为行使总监理工程师的具体职责和权力。总监理工程师代表可以由具有工程类执业资格的人员（如：注册监理工程师、注册造价工程师、注册建造师、注册工程师、注册建筑师等）担任，也可由具有中级及以上专业技术职称、3年及以上工程监理实践经验并经监理业务培训的人员。

【条文解析】本条明确了总监理工程师代表的任职条件。考虑工程监理实践需求，总监理工程师代表可由非注册监理工程师担任。

2.0.8　专业监理工程师　Specialty project management engineer

由总监理工程师授权，负责实施某一专业或某一岗位的监理工作，有相应监理文件签发权，具有工程类注册执业资格或具有中级及以上专业技术职称、2年及以上工程实践经验并经监理业务培训的人员。

【条文说明】专业监理工程师是项目监理机构中按专业或岗位设置的专业监理人员。当工程规模较大时，在某一专业或岗位宜设置若干名专业监理工程师。专业监理工程师具有相应监理文件的签发权，该岗位可以由具有工程类注册执业资格的人员（如：注册监理工程师、注册造价工程师、注册建造师、注册工程师、注册建筑师等）担任，也可由具有中级及以上专业技术职称、2年及以上工程实践经验的监理人员担任。建设工程涉及特殊行业（如爆破工程）的，从事此类工程的专业监理工程师还应符合国家对有关专业人员资格的规定。

【条文解析】本条明确了专业监理工程师的任职条件。考虑工程监理实践需求，专业监理工程师也可由非注册监理工程师担任。

2.0.9 监理员　Site supervisor

从事具体监理工作，具有中专及以上学历并经过监理业务培训的人员。

【条文说明】监理员是从事具体监理工作的人员，不同于项目监理机构中其他行政辅助人员。监理员应具有中专及以上学历，并经过监理业务培训。

【条文解析】本条明确了监理员的任职条件，强调了学历和监理业务培训。

2.0.10 监理规划　Project management planning

项目监理机构全面开展建设工程监理工作的指导性文件。

【条文说明】监理规划应针对建设工程实际情况编制。

【条文解析】本条明确了监理规划的地位和作用，并强调针对建设工程性质、特点、规模、外部条件等实际情况编制。关于监理规划的编制、审批要求统一移至第4章监理规划及监理实施细则中。

2.0.11 监理实施细则　Detailed rules for project management

针对某一专业或某一方面建设工程监理工作的操作性文件。

【条文说明】监理实施细则是根据有关规定、监理工作实际需要而编制的操作性文件，如深基坑工程监理实施细则、安全生产管理监督实施细则等。

【条文解析】本条明确了监理实施细则的地位和作用，并强调监理实施细则应根据规定和需要编制，具有可操作性。关于监理实施细则的编制、审批要求统一移至第4章监理规划及监理实施细则中。

2.0.12 工程计量　Engineering measuring

根据工程设计文件及施工合同约定，项目监理机构对施工单位申报的合格工程的工程量进行的核验。

【条文说明】项目监理机构应依据建设单位提供的施工图纸、工程量清单、施工图预算或其他文件，核对施工单位实际完成的合格工程量，符合工程设计文件及施工合同约定的，予以计量。

【条文解析】本条明确了工程计量的依据，强调了工程计量的对象是施工单位申报的合格工程。

2.0.13 旁站　Key works supervising

项目监理机构对工程的关键部位或关键工序的施工质量进行的监督活动。

【条文说明】旁站是项目监理机构对关键部位和关键工序的施工质量实施监理的方式之一。

【条文解析】本条明确了旁站的对象是工程的关键部位或关键工序；旁站的目的是监督施工过程，保证施工质量。关键部位、关键工序应根据工程类别、特点及有关规定确定。

2.0.14 巡视　Patrol inspecting

项目监理机构对施工现场进行的定期或不定期的检查活动。

【条文说明】巡视是项目监理机构对工程实施建设工程监理的方式之一，是监理人员针对施工现场进行的检查。

【条文解析】本条明确了巡视的性质和范围。监理人员应主要针对施工质量和施工单位安全生产管理情况进行巡视。

2.0.15 平行检验 Parallel testing

项目监理机构在施工单位自检的同时，按有关规定、建设工程监理合同约定对同一检验项目进行的检测试验活动。

【条文说明】工程类别不同，平行检验的范围和内容不同。项目监理机构应依据有关规定和建设工程监理合同约定进行平行检验。

【条文解析】本条明确了平行检验的前提和性质。平行检验的对象、范围和内容应符合有关规定和监理合同约定。

2.0.16 见证取样 Sampling witness

项目监理机构对施工单位进行的涉及结构安全的试块、试件及工程材料现场取样、封样、送检工作的监督活动。

【条文说明】施工单位需要在项目监理机构监督下，对涉及结构安全的试块、试件及工程材料，按规定进行现场取样、封样，并送至具备相应资质的检测单位进行检测。

【条文解析】本条是新增内容，明确了见证取样的对象和程序。

2.0.17 工程延期 Construction duration extension

由于非施工单位原因造成合同工期延长的时间。

2.0.18 工期延误 Delay of construction period

由于施工单位自身原因造成施工期延长的时间。

【条文说明】工程延期、工期延误的结果均是工期延长，但其责任承担者不同，工程延期是由于非施工单位原因造成的，如建设单位原因、不可抗力等，施工单位不承担责任；而工期延误是由于施工单位自身原因造成的，需要施工单位采取赶工措施加快施工进度，如果不能按合同工期完成工程施工，施工单位还需根据施工合同约定承担误期责任。

【条文解析】上述两条是新增内容，分别明确了两种不同性质的工期延长及其责任承担者。

2.0.19 工程临时延期批准 Approval of construction duration temporary extension

发生非施工单位原因造成的持续性影响工期事件时所作出的临时延长合同工期的批准。

2.0.20 工程最终延期批准 Approval of construction duration final extension

发生非施工单位原因造成的持续性影响工期事件时所作出的最终延长合同工期的批准。

【条文说明】工程临时延期批准是施工过程中的临时性决定，工程最终延期批准是关于工程延期事件的最终决定，总监理工程师、建设单位批准的工程最终延期时间与原合同工期之和将成为新的合同工期。

【条文解析】上述两条分别明确了工程临时延期批准和工程最终延期批准，工程临时延期批准的工程延期时间应包含在工程最终延期批准的工程延期时间内，即：工程临时延期批准的延期时间不应超过工程最终延期批准的延期时间。

工程临时延期和工程最终延期不仅需要总监理工程师批准，而且需要建设单位同意，故取消了原规范中"总监理工程师……的批准。"

2.0.21 监理日志 Daily record of project management

项目监理机构每日对建设工程监理工作及施工进展情况所做的记录。

【条文说明】监理日志是项目监理机构在实施建设工程监理过程中每日形成的文件，由总监理工程师根据工程实际情况指定专业监理工程师负责记录。监理日志不等同于监理日记。监理日记是每个监理人员的工作日记。

【条文解析】本条是新增内容，明确了监理日志是由专业监理工程师每日记录整理的监理工作及施工进展情况的文件，有别于监理人员记录的监理日记。

2.0.22 监理月报 Monthly report of project management

项目监理机构每月向建设单位提交的建设工程监理工作及建设工程实施情况等分析总结报告。

【条文说明】监理月报是记录、分析总结项目监理机构监理工作及工程实施情况的文档资料，既能反映建设工程监理工作及建设工程实施情况，也能确保建设工程监理工作可追溯。

【条文解析】本条是新增内容，明确了监理月报是项目监理机构每月编写并向建设单位报告的文件。

2.0.23 设备监造 Supervision of equipment manufacturing

项目监理机构按照建设工程监理合同和设备采购合同约定，对设备制造过程进行的监督检查活动。

【条文说明】建设工程中所需设备需要按设备采购合同单独制造的，项目监理机构应依据建设工程监理合同和设备采购合同对设备制造过程进行监督管理活动。

【条文解析】本条明确了设备监造的前提和依据。将原规范中"监理单位"改为"项目监理机构"更贴切。

2.0.24 监理文件资料 Project document & data

工程监理单位在履行建设工程监理合同过程中形成或获取的，以一定形式记录、保存的文件资料。

【条文说明】监理文件资料从形式上可分为文字、图表、数据、声像、电子文档等文件资料，从来源上可分为监理工作依据性、记录性、编审性等文件资料，需要归档的监理文件资料，按照国家有关规定执行。

【条文解析】本条是新增内容，明确了监理文件资料的来源。

3 项目监理机构及其设施

本章明确了项目监理机构的组成、总监理工程师的任命和监理人员调换，以及项目监理机构中总监理工程师、总监理工程师代表、专业监理工程师和监理员的职责。最后，关于监理设施分别对建设单位、工程监理单位提出了要求。

3.1 一般规定

3.1.1 工程监理单位实施监理时，应在施工现场派驻项目监理机构。项目监理机构的组织形式和规模，可根据建设工程监理合同约定的服务内容、服务期限，以及工程特点、规模、技术复杂程度、环境等因素确定。

【条文说明】项目监理机构的建立应遵循适应、精简、高效的原则，要有利于建设工程监理目标控制和合同管理，要有利于建设工程监理职责的划分和监理人员的分工协作，要有利于建设工程监理的科学决策和信息沟通。

【条文解析】本条明确了建立项目监理机构的依据和需要考虑的因素。同时，明确要求工程监理单位在实施监理时必须在施工现场派驻项目监理机构。

3.1.2 项目监理机构的监理人员应由总监理工程师、专业监理工程师和监理员组成，且专业配套、数量应满足建设工程监理工作需要，必要时可设总监理工程师代表。

【条文说明】项目监理机构的监理人员应由一名总监理工程师、若干名专业监理工程师和监理员组成，且专业配套、数量应满足监理工作和建设工程监理合同对监理工作深度及建设工程监理目标控制的要求。

下列情形项目监理机构可设置总监理工程师代表：

1 工程规模较大、专业较复杂，总监理工程师难以处理多个专业工程时，可按专业设总监理工程师代表。

2 一个建设工程监理合同中包含多个相对独立的施工合同，可按施工合同段设总监理工程师代表。

3 工程规模较大、地域比较分散，可按工程地域设总监理工程师代表。

除总监理工程师、专业监理工程师和监理员外，项目监理机构还可根据监理工作需要，配备文秘、翻译、司机和其他行政辅助人员。

项目监理机构应根据建设工程不同阶段的需要配备数量和专业满足要求的监理人员，有序安排相关监理人员进退场。

【条文解析】本条明确了项目监理机构的人员组成及专业配套、数量要求。同时，明确了总监理工程师代表的设置情形。将原规范中总监理工程师、总监理工程师代表、专业监理工程师和监理员的任职条件移至术语中予以明确。

3.1.3 工程监理单位在建设工程监理合同签订后，应及时将项目监理机构的组织形式、人员构成及对总监理工程师的任命书面通知建设单位。

总监理工程师任命书应按本规范表 A.0.1 的要求填写。

【条文解析】本条明确了工程监理单位通知建设单位项目监理机构的组织形式、人员构成及对总监理工程师任命的时间。同时，明确了总监理工程师任命书的表式。

3.1.4 工程监理单位调换总监理工程师时，应征得建设单位书面同意；调换专业监理工程师时，总监理工程师应书面通知建设单位。

【条文说明】工程监理单位更换、调整项目监理机构监理人员，应做好交接工作，保持建设工程监理工作的连续性。

【条文解析】本条明确了总监理工程师调换的前提是征得建设单位同意。尽管调换专业监理工程师不必事先征得建设单位同意，但应在调换时书面通知建设单位。

3.1.5 一名注册监理工程师可担任一项建设工程监理合同的总监理工程师。当需要同时担任多项建设工程监理合同的总监理工程师时，应经建设单位书面同意，且最多不得超过三项。

【条文说明】考虑到工程规模及复杂程度，总监理工程师可以同时担任多个项目的总监理工程师，但同时担任总监理工程师工作的项目不得超过三项。

【条文解析】本条明确了一名担任总监理工程师的注册监理工程师可同时担任多个项目总监理工程师的前提是经建设单位同意，且最多同时担任三个项目的总监理工程师。

3.1.6 施工现场监理工作全部完成或建设工程监理合同终止时，项目监理机构可撤离施工现场。

【条文说明】项目监理机构撤离施工现场前，应由工程监理单位书面通知建设单位，并办理相关移交手续。

【条文解析】本条明确了项目监理机构撤离施工现场的前提和相关移交手续办理要求。

3.2 监理人员职责

3.2.1 总监理工程师应履行下列职责：

1 确定项目监理机构人员及其岗位职责。

2 组织编制监理规划，审批监理实施细则。

3 根据工程进展及监理工作情况调配监理人员，检查监理人员工作。

4 组织召开监理例会。

5 组织审核分包单位资格。

6 组织审查施工组织设计、（专项）施工方案。

7 审查工程开复工报审表，签发工程开工令、暂停令和复工令。

8 组织检查施工单位现场质量、安全生产管理体系的建立及运行情况。

9 组织审核施工单位的付款申请，签发工程款支付证书，组织审核竣工结算。

10 组织审查和处理工程变更。

11 调解建设单位与施工单位的合同争议，处理工程索赔。

12 组织验收分部工程，组织审查单位工程质量检验资料。

13 审查施工单位的竣工申请，组织工程竣工预验收，组织编写工程质量评估报告，参与工程竣工验收。

14 参与或配合工程质量安全事故的调查和处理。

15 组织编写监理月报、监理工作总结，组织整理监理文件资料。

【条文解析】本条明确了总监理工程师的职责。主要变化体现在两个方面：一是明确了总监理工程师的组织职责；二是增加了安全生产管理方面的监理职责。

3.2.2 总监理工程师不得将下列工作委托给总监理工程师代表:

1 组织编制监理规划,审批监理实施细则。

2 根据工程进展及监理工作情况调配监理人员。

3 组织审查施工组织设计、(专项)施工方案。

4 签发工程开工令、暂停令和复工令。

5 签发工程款支付证书,组织审核竣工结算。

6 调解建设单位与施工单位的合同争议,处理工程索赔。

7 审查施工单位的竣工申请,组织工程竣工预验收,组织编写工程质量评估报告,参与工程竣工验收。

8 参与或配合工程质量安全事故的调查和处理。

【条文说明】总监理工程师作为项目监理机构负责人,监理工作中的重要职责不得委托给总监理工程师代表。

【条文解析】本条明确了总监理工程师必须亲自履行的重要职责。主要变化是涉及工程质量、安全生产管理内容的,总监理工程师不得委托给总监理工程师代表。此外,工程索赔既包括"费用索赔",也包括"工程延期"。

3.2.3 专业监理工程师应履行下列职责:

1 参与编制监理规划,负责编制监理实施细则。

2 审查施工单位提交的涉及本专业的报审文件,并向总监理工程师报告。

3 参与审核分包单位资格。

4 指导、检查监理员工作,定期向总监理工程师报告本专业监理工作实施情况。

5 检查进场的工程材料、构配件、设备的质量。

6 验收检验批、隐蔽工程、分项工程,参与验收分部工程。

7 处置发现的质量问题和安全事故隐患。

8 进行工程计量。

9 参与工程变更的审查和处理。

10 组织编写监理日志,参与编写监理月报。

11 收集、汇总、参与整理监理文件资料。

12 参与工程竣工预验收和竣工验收。

【条文说明】专业监理工程师职责为其基本职责,在建设工程监理实施过程中,项目监理机构还应针对建设工程实际情况,明确各岗位专业监理工程师的职责分工,制定具体监理工作计划,并根据实施情况进行必要的调整。

【条文解析】本条明确了专业监理工程师的基本职责。主要变化是进一步明确了专业监理工程师的职责,并与总监理工程师职责相协调。

3.2.4 监理员应履行下列职责:

1 检查施工单位投入工程的人力、主要设备的使用及运行状况。

2 进行见证取样。

3 复核工程计量有关数据。

4 检查工序施工结果。

5 发现施工作业中的问题,及时指出并向专业监理工程师报告。

【条文说明】监理员职责为其基本职责，在建设工程监理实施过程中，项目监理机构还应针对建设工程实际情况，明确各岗位监理员的职责分工。

【条文解析】本条明确了监理员的基本职责。主要变化是明确了监理员的"见证取样"职责，并表明旁站工作不只是监理员的工作职责。

3.3 监 理 设 施

3.3.1 建设单位应按建设工程监理合同约定，提供监理工作需要的办公、交通、通讯、生活等设施。

项目监理机构宜妥善使用和保管建设单位提供的设施，并应按建设工程监理合同约定的时间移交建设单位。

【条文说明】对于建设单位提供的设施，项目监理机构应登记造册，建设工程监理工作结束或建设工程监理合同终止后归还建设单位。

【条文解析】本条明确了建设单位在监理设施方面应尽的义务，同时明确了项目监理机构对于建设单位提供的监理设施的使用、保管和移交要求。主要变化是修改了项目监理机构移交"建设单位提供的设施"的时间。

3.3.2 工程监理单位宜按建设工程监理合同约定，配备满足监理工作需要的检测设备和工器具。

【条文解析】本条明确了工程监理单位需配备满足监理工作需要的检测设备和工器具的要求。由于监理工作所需的检测设备和工器具均应由工程监理单位统一配备，故本条主要变化是将"项目监理机构……"修改为"工程监理单位……"。

4 监理规划及监理实施细则

本章明确了监理规划及监理实施细则的编制、报送要求和主要内容。

4.1 一般规定

4.1.1 监理规划应结合工程实际情况，明确项目监理机构的工作目标，确定具体的监理工作制度、内容、程序、方法和措施。

【条文说明】监理规划是在项目监理机构详细调查和充分研究建设工程的目标、技术、管理、环境以及工程参建各方等情况后制定的指导建设工程监理工作的实施方案，监理规划应起到指导项目监理机构实施建设工程监理工作的作用，因此，监理规划中应有明确、具体、切合工程实际的监理工作内容、程序、方法和措施，并制定完善的监理工作制度。

监理规划作为工程监理单位的技术文件，应经过工程监理单位技术负责人的审核批准，并在工程监理单位存档。

【条文解析】本条明确了监理规划的编制要求。

4.1.2 监理实施细则应符合监理规划的要求，并应具有可操作性。

【条文说明】监理实施细则是指导项目监理机构具体开展专项监理工作的操作性文件，应体现项目监理机构对于建设工程在专业技术、目标控制方面的工作要点、方法和措施，做到详细、具体、明确。

【条文解析】本条明确了监理实施细则的编制要求。

4.2 监理规划

4.2.1 监理规划可在签订建设工程监理合同及收到工程设计文件后由总监理工程师组织编制，并应在召开第一次工地会议前报送建设单位。

【条文说明】监理规划应针对建设工程实际情况进行编制，故应在签订建设工程监理合同及收到工程设计文件后开始编制。此外，还应结合施工组织设计、施工图审查意见等文件资料进行编制。一个监理项目应编制一个监理规划。

监理规划应在第一次工地会议召开之前完成工程监理单位内部审核后报送建设单位。

【条文解析】本条明确了监理规划的编制和报送时间。

4.2.2 监理规划编审应遵循下列程序：

1 总监理工程师组织专业监理工程师编制。

2 总监理工程师签字后由工程监理单位技术负责人审批。

【条文解析】本条明确了监理规划的编制和审查程序。

4.2.3 监理规划应包括下列主要内容：

1 工程概况。

2 监理工作的范围、内容、目标。

3 监理工作依据。

4 监理组织形式、人员配备及进退场计划、监理人员岗位职责。

5 监理工作制度。

6　工程质量控制。

7　工程造价控制。

8　工程进度控制。

9　安全生产管理的监理工作。

10　合同与信息管理。

11　组织协调。

12　监理工作设施。

【条文说明】如果建设单位在委托建设工程监理时一并委托相关服务的，可将相关服务工作计划纳入监理规划。

【条文解析】本条明确了监理规划的主要内容。主要变化是增加了人员进退场计划；将监理工作程序、方法及措施具体明确为工程质量、造价、进度控制，合同与信息管理、组织协调，并增加了安全生产管理的监理工作。

4.2.4　在实施建设工程监理过程中，实际情况或条件发生变化而需要调整监理规划时，应由总监理工程师组织专业监理工程师修改，并应经工程监理单位技术负责人批准后报建设单位。

【条文说明】在监理工作实施过程中，建设工程的实施可能会发生较大变化，如设计方案重大修改、施工方式发生变化、工期和质量要求发生重大变化，或者当原监理规划所确定的程序、方法、措施和制度等需要做重大调整时，总监理工程师应及时组织专业监理工程师修改监理规划，并按原报审程序审核批准后报建设单位。

【条文解析】本条明确了监理规划内容的调整和报审程序。主要变化是将修改后的监理规划"按原报审程序经过批准"明确为"经工程监理单位技术负责人批准"。

4.3　监理实施细则

4.3.1　对专业性较强、危险性较大的分部分项工程，项目监理机构应编制监理实施细则。

【条文说明】项目监理机构应结合工程特点、施工环境、施工工艺等编制监理实施细则，明确监理工作要点、监理工作流程和监理工作方法及措施，达到规范和指导监理工作的目的。

对工程规模较小、技术较简单且有成熟管理经验和措施的，可不必编制监理实施细则。

【条文解析】本条明确了监理实施细则的编制情形。主要变化是依据《建设工程安全生产管理条例》增加了"危险性较大的分部分项工程"。

4.3.2　监理实施细则应在相应工程施工开始前由专业监理工程师编制，并应报总监理工程师审批。

【条文说明】监理实施细则可随工程进展编制，但应在相应工程开始施工前完成，并经总监理工程师审批后实施。

【条文解析】本条明确了监理实施细则的编制时间和报审要求。

4.3.3　监理实施细则的编制应依据下列资料：

1　监理规划。

2　工程建设标准、工程设计文件。

3 施工组织设计、（专项）施工方案。

【条文解析】本条明确了监理实施细则的编制依据。主要变化是增加了（专项）施工方案作为监理实施细则的编制依据。

4.3.4 监理实施细则应包括下列主要内容：

1 专业工程特点。

2 监理工作流程。

3 监理工作要点。

4 监理工作方法及措施。

【条文说明】监理实施细则可根据建设工程实际情况及项目监理机构工作需要增加其他内容。

【条文解析】本条明确了监理实施细则的主要内容。

4.3.5 在实施建设工程监理过程中，监理实施细则可根据实际情况进行补充、修改，并应经总监理工程师批准后实施。

【条文说明】当工程发生变化导致原监理实施细则所确定的工作流程、方法和措施需要调整时，专业监理工程师应对监理实施细则进行补充、修改。

【条文解析】本条明确了监理实施细则的补充、修改及报批要求。主要变化是增加了修改后的监理实施细则"应经总监理工程师批准后实施"。

5 工程质量、造价、进度控制及安全生产管理的监理工作

本章明确了项目监理机构在工程质量、造价、进度三大目标控制，组织协调及安全生产管理方面的监理工作原则、内容、程序和方法。

5.1 一般规定

5.1.1 项目监理机构应根据建设工程监理合同约定，遵循动态控制原理，坚持预防为主的原则，制定和实施相应的监理措施，采用旁站、巡视和平行检验等方式对建设工程实施监理。

【条文说明】项目监理机构应根据建设工程监理合同约定，分析影响工程质量、造价、进度控制和安全生产管理的因素及影响程度，有针对性地制定和实施相应的组织技术措施。

【条文解析】本条明确了项目监理机构实施监理的依据、原则和方式。本条融合了原规范中的5.1.1、5.1.5条内容并进行了相应修改。

首先，项目监理机构应根据建设工程监理合同约定的工作内容和要求，并结合工程项目特点，分析影响工程质量、造价、进度控制和安全生产管理的主要因素及可能的影响程度，找出监理工作的重点和难点，从组织、管理、技术等方面制定有针对性的控制措施，必要时制定相应的监理实施细则，并做到预防为主、事前控制；其次，在各项措施的制定和实施过程中，应遵循法律法规、标准、设计文件和建设工程合同等要求，既要强调措施实施的程序性，又要注重措施实施的实效性，并应根据实际情况的变化进行调整和完善；第三，旁站、巡视、见证取样和平行检验等方式是项目监理机构实施监理的主要方式。

5.1.2 监理人员应熟悉工程设计文件，并应参加建设单位主持的图纸会审和设计交底会议，会议纪要应由总监理工程师签认。

【条文说明】总监理工程师组织监理人员熟悉工程设计文件是项目监理机构实施事前控制的一项重要工作，其目的是通过熟悉工程设计文件，了解工程设计特点、工程关键部位的质量要求，便于项目监理机构按工程设计文件的要求实施监理。有关监理人员应参加图纸会审和设计交底会议，熟悉如下内容：

1　设计主导思想、设计构思、采用的设计规范、各专业设计说明等。

2　工程设计文件对主要工程材料、构配件和设备的要求，对所采用的新材料、新工艺、新技术、新设备的要求，对施工技术的要求以及涉及工程质量、施工安全应特别注意的事项等。

3　设计单位对建设单位、施工单位和工程监理单位提出的意见和建议的答复。

项目监理机构如发现工程设计文件中存在不符合建设工程质量标准或施工合同约定的质量要求时，应通过建设单位向设计单位提出书面意见或建议。

图纸会审和设计交底会议纪要应由建设单位、设计单位、施工单位的代表和总监理工程师共同签认。

【条文解析】本条明确了监理人员在实施监理前应熟悉工程设计文件的要求。本条融合了原规范中5.2.1、5.2.2条内容。

监理人员在实施监理前熟悉工程设计文件，一方面便于项目监理机构按工程设计文件要求实施监理；另一方面项目监理机构如发现工程设计文件中存在不符合建设工程质量标准或施工合同约定的质量要求，应及时通过建设单位向设计单位提出书面意见或建议。

图纸会审和设计交底会议上，设计单位应对监理单位和施工单位提出的意见、建议或疑义逐条进行答复，会议纪要应由建设单位、设计单位、施工单位的代表和总监理工程师共同签认。

5.1.3 工程开工前，监理人员应参加由建设单位主持召开的第一次工地会议，会议纪要应由项目监理机构负责整理，与会各方代表应会签。

【条文说明】由建设单位主持召开的第一次工地会议是建设单位、工程监理单位和施工单位对各自人员及分工、开工准备、监理例会的要求等情况进行沟通和协调的会议。总监理工程师应介绍监理工作的目标、范围和内容、项目监理机构及人员职责分工、监理工作程序、方法和措施等。

第一次工地会议应包括以下主要内容：

1　建设单位、施工单位和工程监理单位分别介绍各自驻现场的组织机构、人员及其分工。

2　建设单位介绍工程开工准备情况。

3　施工单位介绍施工准备情况。

4　建设单位代表和总监理工程师对施工准备情况提出意见和要求。

5　总监理工程师介绍监理规划的主要内容。

6　研究确定各方在施工过程中参加监理例会的主要人员，召开监理例会的周期、地点及主要议题。

7　其他有关事项。

【条文解析】本条明确了第一工地例会项目监理机构在的任务和工作内容。本条融合了原监理规范中的5.2.9～5.2.12条内容，并鉴于工程监理实践中项目监理机构已对第一工地会议内容十分熟悉，故将会议内容放入条文说明。

工程开工前的第一次工地例会，由建设单位主持召开，并由项目监理机构负责整理会议纪要，与会各方代表会签纪要。必要时，可邀请设计等相关单位参加第一次工地例会。

5.1.4 项目监理机构应定期召开监理例会，并组织有关单位研究解决与监理相关的问题。项目监理机构可根据工程需要，主持或参加专题会议，解决监理工作范围内工程专项问题。

监理例会以及由项目监理机构主持召开的专题会议的会议纪要，应由项目监理机构负责整理，与会各方代表应会签。

【条文说明】监理例会由总监理工程师或其授权的专业监理工程师主持。专题会议是由总监理工程师或其授权的专业监理工程师主持或参加的，为解决监理过程中的工程专项问题而不定期召开的会议。专题会议纪要的内容包括会议主要议题、会议内容、与会单位、参加人员及召开时间等。

监理例会应包括以下主要内容：

1　检查上次例会议定事项的落实情况，分析未完事项原因。

2　检查分析工程项目进度计划完成情况，提出下一阶段进度目标及其落实措施。

3 检查分析工程项目质量、施工安全管理状况，针对存在的问题提出改进措施。

4 检查工程量核定及工程款支付情况。

5 解决需要协调的有关事项。

6 其他有关事宜。

【条文解析】本条明确了项目监理机构在监理例会和专题会议中的角色、任务和工作内容。本条融合了原规范 5.3.1～5.3.3 条内容，并鉴于项目监理机构在工程监理实践中已十分熟悉监理例会内容，故将会议内容放入条文说明。同时，考虑到原规范中"工地例会"主要是由项目监理机构主持、用来解决与工程监理相关问题的，故统一修订为"监理例会"。

项目监理机构应定期召开监理例会，由建设单位和施工单位参加。必要时，项目监理机构可邀请设计单位、设备供应厂商等相关单位参加。

为解决监理工作范围内工程专项问题，项目监理机构可根据需要主持召开专题会议，并可邀请建设单位、设计单位、施工单位、设备供应厂商等相关单位参加。此外，项目监理机构可根据需要，参加由建设单位、设计单位或施工单位等相关单位召集的专题会议。

5.1.5 项目监理机构应协调工程建设相关方的关系。项目监理机构与工程建设相关方之间的工作联系，除另有规定外宜采用工作联系单形式进行。

工作联系单应按本规范表 C.0.1 的要求填写。

【条文解析】本条是新增内容，明确了项目监理机构的协调职责和工作联系单的表式。

项目监理机构协调工程建设相关方的关系，主要是指项目监理机构与建设单位、施工单位、政府监管机构等之间的关系，监理单位与设计单位之间的关系主要通过建设单位进行协调。

项目监理机构与工程建设相关方之间的工作联系宜采用书面形式。例如：在某项分项或分部工程即将开工前，项目监理机构可以工作联系单形式告知施工单位该分项或分部工程施工时的注意事项，可能出现的质量问题或安全问题，做到事前控制。

5.1.6 项目监理机构应审查施工单位报审的施工组织设计，符合要求时，应由总监理工程师签认后报建设单位。项目监理机构应要求施工单位按已批准的施工组织设计组织施工。施工组织设计需要调整时，项目监理机构应按程序重新审查。

施工组织设计审查应包括下列基本内容：

1 编审程序应符合相关规定。

2 施工进度、施工方案及工程质量保证措施应符合施工合同要求。

3 资金、劳动力、材料、设备等资源供应计划应满足工程施工需要。

4 安全技术措施应符合工程建设强制性标准。

5 施工总平面布置应科学合理。

【条文说明】施工组织设计的报审应遵循下列程序及要求：

1 施工单位编制的施工组织设计经施工单位技术负责人审核签认后，与施工组织设计报审表一并报送项目监理机构。

2 总监理工程师应及时组织专业监理工程师进行审查，需要修改的，由总监理工程师签发书面意见，退回修改；符合要求的，由总监理工程师签认。

3 已签认的施工组织设计由项目监理机构报送建设单位。

项目监理机构还应审查施工组织设计中的生产安全事故应急预案,重点审查应急组织体系、相关人员职责、预警预防制度、应急救援措施。

【条文解析】本条明确了施工组织设计审查的程序和基本内容,以及施工组织设计需要调整时应按程序重新审查的要求。本条融合了原规范5.2.3和5.4.1条内容。

施工单位编制的施工组织设计必须经施工单位资质证书上标明的技术负责人审核签认后,与施工组织设计报审表B.0.1一并报送项目监理机构。施工组织设计是施工单位指导施工的纲领性文件,体现了施工承包合同的基本内容,同时也是项目监理机构开展监理工作的依据之一。项目监理机构必须认真审查,并在施工过程中监督施工单位认真落实施工组织设计相关内容。

对于按有关规定需要经专家论证的施工组织设计,由施工单位按相关规定的程序组织专家论证,符合要求后方可向项目监理机构报审。

5.1.7 施工组织设计或(专项)施工方案报审表,应按本规范表B.0.1的要求填写。

【条文解析】本条明确了施工组织设计或(专项)施工方案报审表的表式。

5.1.8 总监理工程师应组织专业监理工程师审查施工单位报送的工程开工报审表及相关资料;同时具备下列条件时,应由总监理工程师签署审核意见,并应报建设单位批准后,总监理工程师签发工程开工令:

1 设计交底和图纸会审已完成。

2 施工组织设计已由总监理工程师签认。

3 施工单位现场质量、安全生产管理体系已建立,管理及施工人员已到位,施工机械具备使用条件,主要工程材料已落实。

4 进场道路及水、电、通信等已满足开工要求。

【条文说明】总监理工程师应在开工日期7天前向施工单位发出工程开工令。工期自总监理工程师发出的工程开工令中载明的开工日期起计算。施工单位应在开工日期后尽快施工。

【条文解析】本条明确了工程开工必须具备的基本条件和总监理工程师签发开工令的前提。本条对原规范5.2.8条进行了修改,删除了原规范中要求项目监理机构审查"施工许可证已获政府主管部门批准和征地拆迁工作能满足工程进度的需要",并在开工报审表B.0.2中增加了建设单位审批一栏。

按照本条要求,总监理工程师应组织专业监理工程师审查施工单位报送的开工报审表(表B.0.2)及相关资料,并对开工应具备的条件进行逐项审查,全部符合要求时签署审查意见,报建设单位得到批准后,再由总监理工程师签发工程开工令(表A.0.2)。此程序更符合工程实际情况,更有利于建设单位在开工前办理施工许可证和完成征地拆迁工作职责的履行。

5.1.9 工程开工报审表应按本规范表B.0.2的要求填写。工程开工令应按本规范表A.0.2的要求填写。

【条文解析】本条明确了开工报审表和工程开工令的表式。

5.1.10 分包工程开工前,项目监理机构应审核施工单位报送的分包单位资格报审表,专业监理工程师提出审查意见后,应由总监理工程师审核签认。

分包单位资格审核应包括下列基本内容:

1 营业执照、企业资质等级证书。
2 安全生产许可文件。
3 类似工程业绩。
4 专职管理人员和特种作业人员的资格。

【条文解析】本条明确了项目监理机构审核分包单位资格的程序和内容。本条融合了原规范5.2.5和5.2.6条内容。在分包单位资格审核内容中，依照《建设工程安全生产管理条例》增加了"安全生产许可文件"的要求；考虑国际化，删除了"特殊行业施工许可证、国外（境外）企业在国内承包工程许可证"的审核内容；删除了"拟分包的内容和范围"，对范围和内容的要求已体现在表B.0.4中，对分包单位的业绩要求改为"类似工程业绩"，更符合实际工程业绩要求。

5.1.11 分包单位资格报审表应按本规范表 B.0.4 的要求填写。

【条文解析】本条明确了分包单位资格报审表的表式。

5.1.12 项目监理机构宜根据工程特点、施工合同、工程设计文件及经过批准的施工组织设计对工程风险进行分析，并宜提出工程质量、造价、进度目标控制及安全生产管理的防范性对策。

【条文说明】项目监理机构进行风险分析时，主要是找出工程目标控制和安全生产管理的重点、难点以及最易发生事故、索赔事件的原因和部位，加强对施工合同的管理，制定防范性对策。

【条文解析】本条明确了项目监理机构应对工程质量、造价、进度目标控制及安全生产管理的监理工作重点、难点及风险点进行分析，提出防范性对策。本条融合了原规范5.5.3和5.6.2条内容。

5.2 工程质量控制

5.2.1 工程开工前，项目监理机构应审查施工单位现场的质量管理组织机构、管理制度及专职管理人员和特种作业人员的资格。

【条文解析】本条明确了项目监理机构在开工前应对施工单位现场的质量管理组织机构、管理制度及人员资格进行审查。考虑到实际操作中许多具体检查、审查工作由专业监理工程师负责实施，故本条将审查主体由原来的"总监理工程师"改为"项目监理机构"。

根据《建设工程质量管理条例》第二十六条，"施工单位对建设工程的施工质量负责。施工单位应当建立质量责任制，确定工程项目的项目经理、技术负责人和施工管理负责人。"为此，项目监理机构应在工程开工前对施工单位派驻现场的质量管理组织机构是否健全、制度是否完善，主要管理人员及专职管理人员配备是否与投标文件相符合，各项质量管理流程是否满足施工质量管理的需要，以及特种作业人员的资格是否符合要求等内容进行审查。

5.2.2 总监理工程师应组织专业监理工程师审查施工单位报审的施工方案，符合要求后应予以签认。

施工方案审查应包括下列基本内容：

1 编审程序应符合相关规定。

2　工程质量保证措施应符合有关标准。

【条文解析】本条明确了总监理工程师组织审查施工方案的程序和内容。本条融合了原规范5.2.3和5.4.2条内容。

在程序性审查方面：应重点审查施工方案的编制人、审批人是否符合有关权限规定的要求。根据相关规定，通常情况下，施工方案应由项目技术负责人组织编制，并经施工单位技术负责人审批签字后提交项目监理机构。项目监理机构在审批施工方案时，应检查施工单位的内部审批程序是否完善、签章是否齐全，重点核对审批人是否为施工单位技术负责人。

在内容性审查方面：应重点审查施工方案是否具有针对性、指导性、可操作性；现场施工管理机构是否建立了完善的质量保证体系，是否明确工程质量要求及目标，是否健全了质量保证体系组织机构及岗位职责、是否配备了相应的质量管理人员；是否建立了各项质量管理制度和质量管理程序等；施工质量保证措施是否符合现行的规范、标准等，特别是与工程建设强制性标准的符合性。如：施工方案编审及技术交底制度、重点部位与关键工序的质量技术措施、隐蔽工程的质量保证措施等。

项目监理机构审查施工方案的主要依据有：建设工程施工合同文件及建设工程监理合同文件，经批准的建设工程项目文件和设计文件，相关法律、法规、规范、规程、标准、图集等，以及其他工程基础资料、工程场地周边环境（含管线）资料等。

5.2.3　施工方案报审表应按本规范表B.0.1的要求填写。

【条文解析】本条明确了施工方案报审表的表式。

5.2.4　专业监理工程师应审查施工单位报送的新材料、新工艺、新技术、新设备的质量认证材料和相关验收标准的适用性，必要时，应要求施工单位组织专题论证，审查合格后报总监理工程师签认。

【条文说明】新材料、新工艺、新技术、新设备的应用应符合国家相关规定。专业监理工程师审查时，可根据具体情况要求施工单位提供相应的检验、检测、试验、鉴定或评估报告及相应的验收标准。项目监理机构认为有必要进行专题论证时，施工单位应组织专题论证会。

【条文解析】本条明确了专业监理工程师对新材料、新工艺、新技术、新设备的质量认证材料和相关验收标准的审查内容，并强调在必要时由施工单位组织专题论证后，由总监理工程师审查签认。本条对原规范5.4.3条进行了修改，将审查"施工工艺措施和证明材料"改为"质量认证材料和相关验收标准的适用性"，使其更具可操作性。此外，将审查程序由原来的"专业监理工程师经审定后予以签认"改为"由专业监理工程师审查合格后报总监理工程师签认"，与监理人员的职责相一致。

5.2.5　专业监理工程师应检查、复核施工单位报送的施工控制测量成果及保护措施，签署意见。专业监理工程师应对施工单位在施工过程中报送的施工测量放线成果进行查验。

施工控制测量成果及保护措施的检查、复核，应包括下列内容：

1　施工单位测量人员的资格证书及测量设备检定证书。

2　施工平面控制网、高程控制网和临时水准点的测量成果及控制桩的保护措施。

【条文说明】专业监理工程师应审核施工单位的测量依据、测量人员资格和测量成果是否符合规范及标准要求，符合要求的，由专业监理工程师予以签认。

【条文解析】本条明确了专业监理工程师对施工单位报送的施工控制测量成果及保护措施进行检查、复核、查验的内容和要求。本条融合了原规范5.2.7和5.4.4条内容，将原规范中"复核控制桩的校核成果"改为"对控制桩的保护措施"进行检查、复核，这是由于控制桩是由规划管理部门向建设单位移交，施工单位仅是对其引用，与工程实际操作更趋一致。此外，将审查主体由"项目监理机构"改为"专业监理工程师"，与监理人员职责要求相一致。

专业监理工程师应从施工单位的测量人员和仪器设备两个方面来检查、复核施工单位测量人员的资格证书和测量设备检定证书。根据相关规定，从事工程测量的技术人员应取得合法有效的相关资格证书，用于测量的仪器和设备也应具备有效的检定证书。专业监理工程师应按照相应测量标准的要求对施工平面控制网、高程控制网和临时水准点的测量成果及控制桩的保护措施进行检查、复核。例如，场区控制网点位，应选择在通视良好、便于施测、利于长期保存的地点，并埋设相应的标石，必要时还应增加强制对中装置。标石埋设深度，应根据地冻线和场地设计标高确定。施工中，当少数高程控制点标石不能保存时，应将其引测至稳固的建（构）筑物上，引测精度不应低于原高程点的精度等级。

5.2.6 施工控制测量成果报验表应按本规范表B.0.5的要求填写。

【条文解析】本条明确了施工控制测量成果报验表的表式。

5.2.7 专业监理工程师应检查施工单位为工程提供服务的试验室。

试验室的检查应包括下列内容：

1 试验室的资质等级及试验范围。

2 法定计量部门对试验设备出具的计量检定证明。

3 试验室管理制度。

4 试验人员资格证书。

【条文说明】施工单位为本工程提供服务的试验室是指施工单位自有试验室或委托的试验室。

【条文解析】本条明确了专业监理工程师检查施工单位为工程提供服务的试验室的内容。因国家有关规范对工程的具体实验项目和指标已有明确规定，故本条对原规范5.4.5条进行了修改，删除了"本工程的实验项目及要求"款项。

根据规定，为工程提供服务的实验室应具有政府主管部门颁发的资质证书及相应的试验范围，试验室的资质等级和试验范围必须满足工程需要；试验设备应由法定计量部门出具符合规定要求的计量检定证明；试验室还应具有相关管理制度，以保证试验、检测过程和结果的规范性、准确性、有效性、可靠性及可追溯性，试验室管理制度应包括试验人员工作纪律、人员考核及培训制度、资料管理制度、原始记录管理制度、试验检测报告管理制度、样品管理制度、仪器设备管理制度、安全环保管理制度、外委试验管理制度、对比试验及能力考核管理制度、施工现场（搅拌站）试验管理制度、检查评比制度、工作会议制度以及报表制度等；从事试验、检测工作的人员应按规定具备相应的上岗资格证书。专业监理工程师应对以上制度逐一进行检查，符合要求后予以签认。

5.2.8 施工单位的试验室报审表应按本规范表B.0.7的要求填写。

【条文解析】本条明确了施工单位试验室报审表的表式。

5.2.9 项目监理机构应审查施工单位报送的用于工程的材料、构配件、设备的质量证明文件，并应按有关规定、建设工程监理合同约定，对用于工程的材料进行见证取样、平行检验。

项目监理机构对已进场经检验不合格的工程材料、构配件、设备，应要求施工单位限期将其撤出施工现场。

工程材料、构配件、设备报审表应按本规范表 B.0.6 的要求填写。

【条文说明】用于工程的材料、构配件、设备的质量证明文件包括出厂合格证、质量检验报告、性能检测报告以及施工单位的质量抽检报告等。工程监理单位与建设单位应在建设工程监理合同中事先约定平行检验的项目、数量、频率、费用等内容。

【条文解析】本条明确了项目监理机构应审查施工单位报送的用于工程的原材料、构配件、设备的质量证明文件及其审查内容，并提出了见证取样、平行检验的基本要求。此外，还明确了对已进场经检验不合格的工程材料、构配件、设备的处理方式及工程材料、构配件或设备报审表的表式。

5.2.10 专业监理工程师应审查施工单位定期提交影响工程质量的计量设备的检查和检定报告。

【条文说明】计量设备是指施工中使用的衡器、量具、计量装置等设备。施工单位应按有关规定定期对计量设备进行检查、检定，确保计量设备的精确性和可靠性。

【条文解析】本条明确了专业监理工程师对于影响工程质量的计量设备的管理职责。本条对原规范 5.4.7 条进行了修改，将审查主体由"项目监理机构"改为"专业监理工程师"，使职责更加明确；将"直接影响工程质量"中的"直接"二字删除，更具可操作性；考虑到监理人员没有技术手段和资格，无法直接对计量设备的技术状况做出判断，故将检查"计量设备的技术状况"改为"计量设备的检查和检定报告"。

5.2.11 项目监理机构应根据工程特点和施工单位报送的施工组织设计，确定旁站的关键部位、关键工序，安排监理人员进行旁站，并应及时记录旁站情况。

旁站记录应按本规范表 A.0.6 的要求填写。

【条文说明】项目监理机构应将影响工程主体结构安全的、完工后无法检测其质量的或返工会造成较大损失的部位及其施工过程作为旁站的关键部位、关键工序。

【条文解析】本条明确了项目监理机构应对关键部位、关键工序实施旁站的要求。本条增加了旁站记录的表式。

5.2.12 项目监理机构应安排监理人员对工程施工质量进行巡视。巡视应包括下列主要内容：

1 施工单位是否按工程设计文件、工程建设标准和批准的施工组织设计、（专项）施工方案施工。

2 使用的工程材料、构配件和设备是否合格。

3 施工现场管理人员，特别是施工质量管理人员是否到位。

4 特种作业人员是否持证上岗。

【条文解析】本条明确了项目监理机构对工程施工质量进行巡视的要求和内容。本条增加了巡视的主要内容。

根据《建设工程质量管理条例》，监理工程师应当按照工程监理规范的要求，采取旁站、巡视和平行检验等形式，对建设工程实施监理。监理人员巡视检查时，应重点巡视四方面内容。一是应检查施工单位是否按照工程设计文件、工程建设标准和批准的施工组织设计、（专项）施工方案施工。施工单位必须按照工程设计图纸和施工技术标准施工，不得擅自修改工程设计，不得偷工减料。二是应检查施工单位使用的工程原材料、构配件和设备是否合格。不得在工程中使用不合格的原材料、构配件和设备，只有经过复试检测合格的原材料、构配件和设备才能够用于工程。三是应对施工现场管理人员，特别是施工质量管理人员是否到位及履职情况做好检查和记录。四是应对施工单位特种作业人员是否持证上岗进行检查。根据《建筑施工特种作业人员管理规定》，对于建筑电工、建筑架子工、建筑起重信号司索工、建筑起重机械司机、建筑起重机械安装拆卸工、高处作业吊篮安装拆卸工、焊接切割操作工以及经省级以上人民政府建设主管部门认定的其他特种作业人员，必须持施工特种作业人员操作证上岗。

5.2.13 项目监理机构应根据工程特点、专业要求，以及建设工程监理合同约定，对施工质量进行平行检验。

【条文说明】项目监理机构对施工质量进行的平行检验，应符合工程特点、专业要求及行业主管部门的有关规定，并符合建设工程监理合同约定的项目、数量、频率和费用等。

【条文解析】本条明确了项目监理机构进行平行检验的依据和内容。本条增加了对施工质量进行平行检验的要求。

对于施工过程中已完工程施工质量进行的平行检验应在施工单位自检的基础上进行，并应符合工程特点或专业要求以及行业主管部门的相关规定，平行检验的项目、数量、频率和费用等应符合建设工程监理合同的约定。对平行检验不合格的施工质量，项目监理机构应签发监理通知单，要求施工单位在指定的时间内整改并重新报验。

5.2.14 项目监理机构应对施工单位报验的隐蔽工程、检验批、分项工程和分部工程进行验收，对验收合格的应给予签认；对验收不合格的应拒绝签认，同时应要求施工单位在指定的时间内整改并重新报验。

对已同意覆盖的工程隐蔽部位质量有疑问的，或发现施工单位私自覆盖工程隐蔽部位的，项目监理机构应要求施工单位对该隐蔽部位进行钻孔探测、剥离或其他方法进行重新检验。

隐蔽工程、检验批、分项工程报验表应按本规范表 B.0.7 的要求填写。分部工程报验表应按本规范表 B.0.8 的要求填写。

【条文说明】项目监理机构应按规定对施工单位自检合格后报验的隐蔽工程、检验批、分项工程和分部工程及相关文件和资料进行审查和验收，符合要求的，签署验收意见。检验批的报验按有关专业工程施工验收标准规定的程序执行。

项目监理机构可要求施工单位对已覆盖的工程隐蔽部位进行钻孔探测或揭开进行重新检验的，经检验证明工程质量符合合同要求的，建设单位应承担由此增加的费用和（或）工期延误，并支付施工单位合理利润；经检验证明工程质量不符合合同要求的，施工单位应承担由此增加的费用和（或）工期延误。

【条文解析】本条明确了项目监理机构应及时对施工单位完成并报验的隐蔽工程、检验批、分项工程和分部工程进行验收的程序、内容和处置方法。本条融合了原规范 5.4.9 和 5.4.10 条内容，并依照九部委《标准施工招标文件》（2007 版）"第四章合同条款及格式"的相关约定，新增了"对已同意覆盖的工程隐蔽部位质量有疑问的，或发现施工单位私自覆盖工程隐蔽部位的，项目监理机构应要求施工单位对该隐蔽部位进行钻孔探测或揭开或其他方法进行重新检验。"

本条还明确了隐蔽工程、检验批、分项工程报验表和分部工程报验表的表式。

5.2.15 项目监理机构发现施工存在质量问题的，或施工单位采用不适当的施工工艺，或施工不当，造成工程质量不合格的，应及时签发监理通知单，要求施工单位整改。整改完毕后，项目监理机构应根据施工单位报送的监理通知回复单对整改情况进行复查，提出复查意见。

监理通知单应按本规范表 A.0.3 的要求填写，监理通知回复单应按本规范表 B.0.9 的要求填写。

【条文解析】本条明确了项目监理机构处理质量问题的程序和要求，体现了"本工序不合格，不得进入下道工序施工"的原则。本条还明确了监理通知单和监理通知回复单的表式。

5.2.16 对需要返工处理或加固补强的质量缺陷，项目监理机构应要求施工单位报送经设计等相关单位认可的处理方案，并应对质量缺陷的处理过程进行跟踪检查，同时应对处理结果进行验收。

【条文解析】本条明确了需要返工处理或加固补强的质量缺陷的处理程序和要求。

由于需要返工处理或加固补强的"质量缺陷"和"质量事故"不同的处理程序，将原规范 5.4.13 进行了拆分，根据相关规定，对于需要返工处理或加固补强的质量缺陷，项目监理机构应要求施工单位报送专门的处理方案，并经设计等相关单位认可后，才可以进行相应处理。项目监理机构应对质量缺陷的处理过程进行跟踪检查，做好记录，同时应对质量缺陷的处理结果进行验收、确认。这也是工程质量事后控制的重要手段。

特别要注意的是，根据《建设工程施工质量验收统一标准》规定，经返工或加固处理的分项、分部工程，虽然改变外形尺寸但仍能满足安全使用要求，可按技术处理方案和协商文件进行验收。

5.2.17 对需要返工处理或加固补强的质量事故，项目监理机构应要求施工单位报送质量事故调查报告和经设计等相关单位认可的处理方案，并应对质量事故的处理过程进行跟踪检查，同时应对处理结果进行验收。

项目监理机构应及时向建设单位提交质量事故书面报告，并应将完整的质量事故处理记录整理归档。

【条文说明】项目监理机构向建设单位提交的质量事故书面报告的应包括下列主要内容：

1 工程及各参建单位名称。

2 质量事故发生的时间、地点、工程部位。

3 事故发生的简要经过、造成工程损伤状况、伤亡人数和直接经济损失的初步估计。

4 事故发生原因的初步判断。

5 事故发生后采取的措施及处理方案。

6 事故处理的过程及结果。

【条文解析】本条明确了需要返工处理或加固补强的质量事故的处理程序。

由于需要返工处理或加固补强的"质量缺陷"和"质量事故"不同的处理程序，将原规范5.4.13进行了拆分，根据相关规定，对于需要返工处理或加固补强的质量事故，项目监理机构应采取相应措施，包括：要求施工单位报送事故调查报告、经设计等相关单位认可的处理方案，同时对事故处理过程进行跟踪检查，做好记录，对处理结果进行验收、确认。这也是工程质量事后控制的重要手段。

特别要注意的是，根据有关事故等级划分标准，事故可分为特别重大事故、重大事故、较大事故、一般事故四个等级。在施工过程中，若发生质量事故，应按照相关程序和要求及时进行处理。

项目监理机构对质量事故的处理应及时、合规，包括及时向建设单位提交质量事故书面报告，处理程序应符合相关规定。事故处理结束后，应将完整的质量事故处理记录整理归档。

5.2.18 项目监理机构应审查施工单位提交的单位工程竣工验收报审表及竣工资料，组织工程竣工预验收。存在问题的，应要求施工单位及时整改；合格的，总监理工程师应签认单位工程竣工验收报审表。

单位工程竣工验收报审表应按本规范表B.0.10的要求填写。

【条文说明】项目监理机构收到工程竣工验收报审表后，总监理工程师应组织专业监理工程师对工程实体质量情况及竣工资料进行全面检查，需要进行功能试验（包括单机试车和无负荷试车）的，项目监理机构应审查试验报告单。

项目监理机构应督促施工单位做好成品保护和现场清理。

【条文解析】本条明确了项目监理机构组织竣工预验收的程序、内容和要求，以及单位工程竣工验收报审表的表式。

施工单位应在完成单位工程施工内容并自检合格的基础上、向项目监理机构提交单位工程竣工验收报审表及竣工资料，由项目监理机构组织竣工预验收。项目监理机构在收到竣工验收报审表及竣工资料后，由总监理工程师组织专业监理工程师对工程实体质量情况及竣工资料进行全面检查。对于在预验收中发现的问题，应要求施工单位及时整改；整改合格后，总监理工程师应签认单位工程竣工验收报审表，并督促施工单位做好成品保护和现场清理，为工程正式竣工验收做好准备。

工程预验收是工程完工后、正式竣工验收前要进行的一项重要工作。预验收由项目总监理工程师主持，施工单位和项目监理机构参加，也可以邀请建设单位、设计单位参加，有时甚至可以邀请质量监督机构参加，目的是为了更好地发现问题、解决问题，为工程正式竣工验收创造条件。

5.2.19 工程竣工预验收合格后，项目监理机构应编写工程质量评估报告，并应经总监理工程师和工程监理单位技术负责人审核签字后报建设单位。

【条文说明】工程质量评估报告应包括以下主要内容：

1 工程概况。

2 工程各参建单位。

3 工程质量验收情况。

4 工程质量事故及其处理情况。

5 竣工资料审查情况。

6 工程质量评估结论。

【条文解析】本条明确了工程质量评估报告的主要内容及审批、报送程序。

工程质量评估报告一般由总监理工程师组织专业监理工程师编写，经总监理工程师签字并报监理单位技术负责人审核签认后，报送建设单位。

5.2.20 项目监理机构应参加由建设单位组织的竣工验收，对验收中提出的整改问题，应督促施工单位及时整改。工程质量符合要求的，总监理工程师应在工程竣工验收报告中签署意见。

【条文解析】本条明确了工程竣工验收的程序和要求。

工程竣工验收由建设单位组织，项目监理机构应参加竣工验收，对于验收中提出的整改问题，应督促施工单位及时整改直至工程质量符合要求后，总监理工程师在竣工验收报告中应签署监理意见。

工程竣工验收一般应具备的条件：①完成建设工程设计和合同规定的各项内容；②有工程使用的主要建筑材料、建筑构配件和设备的进场报告；③有完整的技术档案和施工管理资料；④有勘察、设计、施工、监理等单位签署的质量合格文件；⑤有施工单位签署的工程保修书；⑥规划行政主管部门、公安消防、环保等部门出具的认可文件或者准许使用文件。

5.3 工程造价控制

5.3.1 项目监理机构应按下列程序进行工程计量和付款签证：

1 专业监理工程师对施工单位在工程款支付报审表中提交的工程量和支付金额进行复核，确定实际完成的工程量，提出到期应支付给施工单位的金额，并提出相应的支持性材料。

2 总监理工程师对专业监理工程师的审查意见进行审核，签认后报建设单位审批。

3 总监理工程师根据建设单位的审批意见，向施工单位签发工程款支付证书。

【条文说明】项目监理机构应及时审查施工单位提交的工程款支付申请，进行工程计量，并与建设单位、施工单位沟通协商一致后，由总监理工程师签发工程款支付证书。其中，项目监理机构对施工单位提交的进度付款申请应审核以下内容：

1 截至本次付款周期末已实施工程的合同价款；

2 增加和扣减的变更金额；

3 增加和扣减的索赔金额；

4 支付的预付款和扣减的返还预付款；

5 扣减的质量保证金；

6 根据合同应增加和扣减的其他金额。

项目监理机构应从第一个付款周期开始，在施工单位的进度付款中，按专用合同条款的约定扣留质量保证金，直至扣留的质量保证金总额达到专用合同条款约定的金额或比例为止。质量保证金的计算额度不包括预付款的支付、扣回以及价格调整的金额。

【条文解析】本条明确了项目监理机构对工程量及进度款支付申请进行审核、支付的程序和要求。本条融合了原规范 5.5.1、5.5.5 和 5.5.9 条内容。

项目监理机构应全面了解所监理工程的施工合同文件、施工投标文件、工程设计文件、施工进度计划等内容，熟悉合同价款的计价方式、施工投标报价及组成、工程预算等情况，依据监理规划、施工组织设计、进度计划以及相关的设计、技术、标准等文件编制造价控制监理实施细则，明确工程造价控制的目标和要求、制定造价控制的流程、方法和措施，以及针对工程特点制定工程造价控制的重点和目标值。

专业监理工程师具体负责对施工单位在工程款支付报审表中提交的工程量和支付金额进行复核，包括进行现场计量以确定实际完成的合格工程量，进行单价或价格的复核与核定等，提出到期应支付给施工单位的金额，并附上工程变更、工程索赔等相应的支持性材料。专业监理工程师在复核过程中应及时、客观地与施工单位进行沟通和协商，对施工单位提交的工程量和支付金额申请的复核情况最终形成审查意见，提交总监理工程师审查。

总监理工程师应该充分熟悉和了解施工合同约定的工程量计价规则和相应的支付条款，对专业监理工程师的审查、复核工作进行指导和帮助，对专业监理工程师的审查意见提出自己的审核意见，同意签认后报建设单位审批。

建设单位作为项目投资主体，承担相应的工程款审核职责。项目监理机构应根据施工合同和监理合同的相应条款协助建设单位审核工程款。建设单位根据总监理工程师的审核意见及建议最终合理确定工程款的支付金额。

总监理工程师应根据建设单位审批确定的工程款支付金额签发工程款支付证书。项目监理机构应建立工程款审核、支付台账。对项目监理机构审核与建设单位审批结果不一致的地方做好相应的记录，注明差异产生的原因。

5.3.2 工程款支付报审表应按本规范表 B.0.11 的要求填写，工程款支付证书应按本规范表 A.0.8 的要求填写。

【条文说明】本条明确了工程款支付报审表和工程款支付证书的表式。

5.3.3 项目监理机构应编制月完成工程量统计表，对实际完成量与计划完成量进行比较分析，发现偏差的，应提出调整建议，并应在监理月报中向建设单位报告。

【条文解析】本条明确了项目监理机构应进行完成工程量统计及实际完成量与计划完成量比较分析的职责。将原规范中"制定调整措施"改为"提出调整建议"，更符合实际情况。

实际工作中，施工单位可根据项目施工的总进度计划，编制阶段性（周、月或支付周期）工程量（款）完成计划，经项目监理机构审核批准后予以实施。实施过程中，项目监理机构建立工程量（款）台账，比较实际完成量与计划完成量，分析发生偏差的原因，及时向建设单位和施工单位提出相应的意见或建议，从而采取措施调整或修改阶段性施工进度计划或施工总进度计划。

5.3.4 项目监理机构应按下列程序进行竣工结算款审核：

1 专业监理工程师审查施工单位提交的工结算款支付申请，提出审查意见。

2 总监理工程师对专业监理工程师的审查意见进行审核，签认后报建设单位审批，同时抄送施工单位，并就工程竣工结算事宜与建设单位、施工单位协商；达成一致意见的，根据建设单位审批意见向施工单位签发竣工结算款支付证书；不能达成一致意见的，应按施工合同约定处理。

【条文说明】项目监理机构应按有关工程结算规定及施工合同约定对竣工结算进行审核。

【条文解析】本条明确了项目监理机构对工程结算款结算的审核程序和要求。本条融合了原规范5.5.2和5.5.8条内容。

专业监理工程师在收到施工单位上报的工程结算款支付申请后，分析竣工结算的编制方式、取费标准、计算方法等是否符合有关工程结算规定和原施工合同的约定方式；并根据竣工图纸、设计变更、工程变更、工程签证等对竣工结算中的工程量、单价进行审核，提出审查意见，提交总监理工程师审核。专业监理工程师在审查过程中应及时、客观地与施工单位进行沟通和协商，力求形成统一意见；对不能达成一致意见的，做好相应记录，注明差异产生的原因，供总监理工程师审批时决策。

总监理工程师应对专业监理工程的审查工作进行指导和帮助，对专业监理工程师的审查意见提出自己的审核意见，并最终形成工程竣工结算审核报告，签认后报建设单位审批，同时抄送施工单位。总监理工程师在竣工结算审核过程中，应将结算价款审核过程发现的问题向建设单位、施工单位做好解释、协商工作，力求达成一致的意见。如果建设单位、施工单位没有异议，总监理工程师应根据建设单位批准的工程结算价款支付金额签发工程结算款支付证书；如不能达成一致意见的，应按工程结算相关规定和施工合同约定的处理方式进行处理，即可以按照施工合同约定的起诉、仲裁等条款解决争议。

5.3.5 工程竣工结算款支付报审表应按本规范表 B.0.11 的要求填写，竣工结算款支付证书应按本规范表 A.0.8 的要求填写。

【条文解析】本条明确了工程竣工结算款支付报审表和竣工结算款支付证书表式。

5.4 工程进度控制

5.4.1 项目监理机构应审查施工单位报审的施工总进度计划和阶段性施工进度计划，提出审查意见，并应由总监理工程师审核后报建设单位。

施工进度计划审查应包括下列基本内容：

1 施工进度计划应符合施工合同中工期的约定。

2 施工进度计划中主要工程项目无遗漏，应满足分批投入试运、分批动用的需要，阶段性施工进度计划应满足总进度控制目标的要求。

3 施工顺序的安排应符合施工工艺要求。

4 施工人员、工程材料、施工机械等资源供应计划应满足施工进度计划的需要。

5 施工进度计划应符合建设单位提供的资金、施工图纸、施工场地、物资等施工条件。

【条文说明】项目监理机构审查阶段性施工进度计划时，应注重阶段性施工进度计划与总进度计划目标的一致性。

【条文解析】本条明确了项目监理机构审查施工进度计划的程序、内容和要求。本条对原规范5.6.1条进行了修改，综合考虑了原规范6.6.1条的条文说明以及《标准施工招标文件》（2007版）"第四章合同条款及格式"中第10节"进度计划"的相关内容，着重强调了施工进度计划应审查的基本内容和程序。

施工单位编制的施工总进度计划必须符合施工合同约定的工期要求，满足施工总工期的目标要求，阶段性进度计划必须与总进度计划目标相一致。将施工总进度计划分解成阶段性施工进度计划是为了确保总进度计划的完成，因此，阶段性进度计划更应具有可操作性。

项目监理机构收到施工单位报审的施工总进度计划和阶段性施工进度计划时，应对照本条文所述的内容进行审查，提出审查意见。发现问题时，应以监理通知单的方式及时向施工单位提出书面修改意见，并对施工单位调整后的进度计划重新进行审查，发现重大问题时应及时向建设单位报告。施工进度计划经总监理工程师审核签认，并报建设单位批准后方可实施。

5.4.2 施工进度计划报审表应按本规范表 B.0.12 的要求填写。

【条文解析】本条明确了施工进度计划报审表的表式。

5.4.3 项目监理机构应检查施工进度计划的实施情况，发现实际进度严重滞后于计划进度且影响合同工期时，应签发监理通知单，要求施工单位采取调整措施加快施工进度。总监理工程师应向建设单位报告工期延误风险。

【条文说明】在施工进度计划实施过程中，项目监理机构应检查和记录实际进度情况。发生施工进度计划调整的，应报项目监理机构审查，并经建设单位同意后实施。发现实际进度严重滞后于计划进度且影响合同工期时，项目监理机构应签发监理通知单、召开专题会议，督促施工单位按批准的施工进度计划实施。

【条文解析】本条明确了项目监理机构对施工进度计划实施过程中的动态控制要求。

施工进度计划在实施过程中受各种因素的影响可能会出现偏差，项目监理机构应对施工进度计划的实施情况进行动态检查，对照施工实际进度和计划进度，判定实际进度是否出现偏差。发现实际进度严重滞后且影响合同工期时，应签发监理通知单、召开专题会议，要求施工单位采取调整措施加快施工进度，并按督促施工单位按调整后批准的施工进度计划实施。

总监理工程师应及时向建设单位报告可能造成工期延误的风险事件及其原因，采取的对策和措施等。

5.4.4 项目监理机构应比较分析工程施工实际进度与计划进度，预测实际进度对工程总工期的影响，并应在监理月报中向建设单位报告工程实际进展情况。

【条文解析】本条明确了项目监理机构应进行实际进度与计划进度的比较分析，并预测实际进度对工程总工期的影响职责。

由于各种因素的影响，实际施工进度很难完全与计划进度一致，监理项目机构应比较工程施工实际进度与计划进度的偏差，分析造成进度偏差的原因，预测实际进度对工程总工期的影响，督促相关各方采取相应措施调整进度计划，力求总工期目标的实现。监理项目机构每月须向建设单位报送监理月报，监理月报要反映工程的实际进展情况。

监理项目机构可采用前锋线比较法、S曲线比较法和香蕉曲线比较法等比较分析实际施工进度与计划进度，确定进度偏差并预测该进度偏差对工程总工期的影响。

5.5 安全生产管理的监理工作

5.5.1 项目监理机构应根据法律法规、工程建设强制性标准，履行建设工程安全生产管理的监理职责，并应将安全生产管理的监理工作内容、方法和措施纳入监理规划及监理实施细则。

【条文解析】本条明确了项目监理机构履行建设工程安全生产管理法定职责的法律依

据，还明确在监理规划和监理实施细则中应纳入安全生产管理的监理工作内容、方法和措施。

5.5.2 项目监理机构应审查施工单位现场安全生产规章制度的建立和实施情况，并应审查施工单位安全生产许可证及施工单位项目经理、专职安全生产管理人员和特种作业人员的资格，同时应核查施工机械和设施的安全许可验收手续。

【条文说明】项目监理机构应重点审查施工单位安全生产许可证及施工单位项目经理资格证、专职安全生产管理人员上岗证和特种作业人员操作证年检合格与否，核查施工机械和设施的安全许可验收手续。

【条文解析】本条明确了项目监理机构在履行安全生产管理的监理职责时除审查专项施工方案之外应审查的内容。

（1）审查施工单位现场安全生产规章制度的建立和实施情况。依据《建筑法》、《安全生产法》、《建设工程安全生产管理条例》、《生产安全事故报告和调查处理条例》、《特种设备安全监察条例》、《安全生产许可证条例》等相关法律法规，现阶段涉及施工单位的安全生产管理制度主要包括：安全生产责任制度、安全生产许可制度、安全技术措施计划管理制度、安全施工技术交底制度、安全生产检查制度、特种作业人员持证上岗制度、安全生产教育培训制度、机械设备（包括租赁设备）管理制度、专项施工方案专家论证制度、消防安全管理制度、应急救援预案管理制度、生产安全事故报告和调查处理制度、安全生产费用管理制度、工伤和意外伤害保险制度等。

（2）审查施工单位安全生产许可证的符合性和有效性。《安全生产许可证条例》对安全生产许可证的申请条件、有效期限、延期申请、监督管理等作了具体规定。

（3）审查施工单位项目经理、专职安全生产管理人员和特种作业人员资格情况。根据《建设工程安全生产管理条例》等相关规定，施工单位的主要负责人、项目负责人、专职安全生产管理人员应当经建设行政主管部门或者其他有关部门考核合格后方可任职；施工单位项目负责人应当由取得相应执业资格的人员担任；垂直运输机械作业人员、安装拆卸工、爆破作业人员、起重信号工、登高架设作业人员等特种作业人员必须按照国家有关规定经过专门的安全作业培训，并取得特种作业操作资格证书后，方可上岗作业。

（4）审查施工机械和设施的安全许可验收手续情况。施工单位在使用施工起重机械和整体提升脚手架、模板等自升式架设设施前，应当组织有关单位进行验收，也可以委托具有相应资质的检验检测机构进行验收；使用承租的机械设备和施工机具及配件的，由施工总承包单位、分包单位、出租单位和安装单位共同进行验收，验收合格的方可使用；《特种设备安全监察条例》规定的施工起重机械，在验收前应当经有相应资质的检验检测机构监督检验合格；施工单位应当自施工起重机械和整体提升脚手架、模板等自升式架设设施验收合格之日起30日内，向建设行政主管部门或者其他有关部门登记，登记标志应当置于或者附着于该设备的显著位置。

5.5.3 项目监理机构应审查施工单位报审的专项施工方案，符合要求的，应由总监理工程师签认后报建设单位。超过一定规模的危险性较大的分部分项工程的专项施工方案，应检查施工单位组织专家进行论证、审查的情况，以及是否附具安全验算结果。项目监理机构应要求施工单位按已批准的专项施工方案组织施工。专项施工方案需要调整时，施工单位应按程序重新提交项目监理机构审查。

专项施工方案审查应包括下列基本内容：

1 编审程序应符合相关规定。

2 安全技术措施应符合工程建设强制性标准。

【条文解析】本条明确了项目监理机构审查专项施工方案的内容、程序和要求。

依据《建设工程安全生产管理条例》及相关规定，施工单位应当在危险性较大的分部分项工程施工前编制专项施工方案，对于超过一定规模的危险性较大的分部分项工程，施工单位应当组织专家对专项施工方案进行论证。实行施工总承包的，专项施工方案应当由总承包单位组织编制，其中，起重机械安装拆卸工程、深基坑工程、附着式升降脚手架等专业工程实行分包的，其专项施工方案可由专业分包单位组织编制。项目监理机构应检查施工单位组织专家进行论证、审查的情况以及是否附具安全验算结果，符合要求的，应由总监理工程师签认后报建设单位。不需要专家论证的专项施工方案，经施工单位审核合格后报项目监理机构，由项目总监理工程师签认后报建设单位。

专项施工方案应当由施工单位技术部门组织本单位施工技术、安全、质量等部门的专业技术人员进行审核，经审核合格的，由施工单位技术负责人签字；实行施工总承包的，专项施工方案应当由总承包单位技术负责人及相关专业分包单位技术负责人签字。

专项施工方案必须经施工单位技术负责人、项目总监理工程师、建设单位项目负责人签字后，方可组织实施。施工单位应当严格按照专项方案组织施工，不得擅自修改、调整专项方案。如因设计、结构、外部环境等因素发生变化确需修改的，修改后的专项方案应当按相关规定重新审核。对于超过一定规模的危险性较大工程的专项方案，施工单位应当重新组织专家进行论证。

专项施工方案审查应包括下列基本内容：

(1) 对编审程序进行符合性审查，即项目监理机构在审批专项施工方案前，应首先审查专项施工方案的编制和审批程序是否符合相关规定。符合规定的，进行实质性内容审查。对于不符合规定的，书面通知施工单位重新报审，符合规定后再行报审。

(2) 对实质性内容进行符合性审查，即项目监理机构对专项施工方案中安全技术措施是否符合工程建设强制性标准进行审查。根据相关规定，专项施工方案应包括工程概况、编制依据、施工计划、施工工艺技术、施工安全保证措施、劳动力计划、计算书及相关图纸等内容，其中，施工安全保证措施又包括组织保障、技术措施、应急预案、监测监控等措施，其内容应符合工程建设强制性标准。例如，土方开挖的顺序、方法必须与设计工况相一致，并遵循"开槽支撑，先撑后挖，分层开挖，严禁超挖"的原则。如果安全技术措施中未能确保这一土方开挖的原则，即不符合工程建设强制性标准，项目监理机构应拒绝签认。对于施工单位报审的安全技术措施违反工程建设强制性标准的，应要求其重新编制、报审。

5.5.4 专项施工方案报审表应按本规范表 B.0.1 的要求填写。

【条文解析】本条明确了专项施工方案报审表的表式。

5.5.5 项目监理机构应巡视检查危险性较大的分部分项工程专项施工方案实施情况。发现未按专项施工方案实施时，应签发监理通知单，要求施工单位按专项施工方案实施。

【条文解析】本条明确了项目监理机构对专项施工方案实施过程进行控制的职责。

项目监理机构在巡视检查过程中，应重点检查施工单位是否严格按照经批准的专项施工方案施工。发现未按专项施工方案实施的，应立即签发监理通知责令整改，要求施工单位按照经批准的专项施工方案实施；施工单位拒不整改的，项目监理机构应及时向建设单位报告。

5.5.6 项目监理机构在实施监理过程中，发现工程存在安全事故隐患时，应签发监理通知单，要求施工单位整改；情况严重时，应签发工程暂停令，并应及时报告建设单位。施工单位拒不整改或不停止施工时，项目监理机构应及时向有关主管部门报送监理报告。

监理报告应按本规范表 A.0.4 的要求填写。

【条文说明】紧急情况下，项目监理机构通过电话、传真或者电子邮件向有关主管部门报告的，事后应形成监理报告。

【条文解析】本条明确了项目监理机构对安全事故隐患进行处理的职责和程序，还明确了监理报告的表式。

依据《建设工程安全生产管理条例》第十四条，"工程监理单位在实施监理过程中，发现存在安全事故隐患的，应当要求施工单位整改；情况严重的，应当要求施工单位暂时停止施工，并及时报告建设单位。施工单位拒不整改或者不停止施工的，工程监理单位应当及时向有关主管部门报告"。项目监理机构应以书面形式向有关主管部门报告，在紧急情况下，可通过电话、传真或者电子邮件向有关主管部门报告，但在事后应形成书面监理报告。

6 工程变更、索赔及施工合同争议处理

本章将原名"施工合同管理的其他工作"改为"工程变更、索赔及施工合同争议",并增加了"一般规定",使章名更加明确地表达了本章内容。

6.1 一般规定

6.1.1 项目监理机构应依据建设工程监理合同约定进行施工合同管理,处理工程暂停及复工、工程变更、索赔及施工合同争议、解除等事宜。

【条文解析】本条是新增内容,明确了项目监理机构进行施工合同管理相关工作的依据。

6.1.2 施工合同终止时,项目监理机构应协助建设单位按施工合同约定处理施工合同终止的有关事宜。

【条文解析】本条是新增内容。《建设工程施工合同(示范文本)》规定,"发包人承包人履行合同全部义务,竣工结算价款支付完毕,承包人向发包人交付竣工工程后,本合同即告终止。"施工合同终止时,项目监理机构应协助建设单位处理有关事宜。

6.2 工程暂停及复工

6.2.1 总监理工程师在签发工程暂停令时,可根据停工原因的影响范围和影响程度,确定停工范围,并应按施工合同和建设工程监理合同的约定签发工程暂停令。

【条文解析】本条由原规范 6.1.1 和 6.1.3 合并修订而来,明确了由总监理工程师"确定停工范围"。

6.2.2 项目监理机构发现下列情况之一时,总监理工程师应及时签发工程暂停令:

1 建设单位要求暂停施工且工程需要暂停施工的。
2 施工单位未经批准擅自施工或拒绝项目监理机构管理的。
3 施工单位未按审查通过的工程设计文件施工的。
4 施工单位违反工程建设强制性标准的。
5 施工存在重大质量、安全事故隐患或发生质量、安全事故的。

【条文说明】总监理工程师签发工程暂停令,应事先征得建设单位同意。在紧急情况下,未能事先征得建设单位同意的,应在事后及时向建设单位书面报告。施工单位未按要求停工或复工的,项目监理机构应及时报告建设单位。

发生情况 1 时,建设单位要求停工,总监理工程师经过独立判断,认为有必要暂停施工的,可签发工程暂停令;认为没有必要暂停施工的,不应签发工程暂停令。

发生情况 2 时,施工单位擅自施工的,总监理工程师应及时签发工程暂停令;施工单位拒绝执行项目监理机构的要求和指令时,总监理工程师应视情况签发工程暂停令;

发生情况 3、4、5 时,总监理工程师均应及时签发工程暂停令。

【条文解析】本条明确了总监理工程师必须及时签发工程暂停令的 5 种情况。

6.2.3 总监理工程师签发工程暂停令应征得建设单位同意,在紧急情况下未能事先报告的,应在事后及时向建设单位作出书面报告。

工程暂停令应按本规范附录 A. 0. 5 的要求填写。

【条文解析】本条为新增内容，明确了总监理工程师签发工程暂停令应事先征得建设单位同意。"征得建设单位同意"通常是口头同意，因表 A. 0. 5 并无建设单位意见栏。如果现场情况紧急，来不及事先报告建设单位的，可先签发工程暂停令，事后再向建设单位书面报告。

6. 2. 4 暂停施工事件发生时，项目监理机构应如实记录所发生的情况。

【条文解析】本条明确了项目监理机构应如实记录暂停施工事件发生时的实际情况。对于发生 6. 2. 2 条 "1 建设单位要求暂停施工且工程需要暂停施工的" 情形，应重点记录施工单位人工、设备在现场的数量和状态；对于发生 6. 2. 2 条其余各款情形的，应重点记录直接导致停工发生的原因。

6. 2. 5 总监理工程师应会同有关各方按施工合同约定，处理因工程暂停引起的与工期、费用有关的问题。

【条文解析】本条明确了总监理工程师处理工程暂停相关问题的职责。工程暂停可能导致人员窝工、设备闲置等情况发生，暂停时间较长的可能造成施工单位退场和再进场损失。总监理工程师应就相关问题与建设单位、施工单位及时协商解决。

6. 2. 6 因施工单位原因暂停施工时，项目监理机构应检查、验收施工单位的停工整改过程、结果。

【条文解析】本条为新增内容，明确了因施工单位原因暂停施工时，项目监理机构应督促整改，及时检查整改情况，验收整改结果，督促施工单位为顺利进行后续施工做准备。

6. 2. 7 当暂停施工原因消失、具备复工条件时，施工单位提出复工申请的，项目监理机构应审查施工单位报送的复工报审表及有关材料，符合要求后，总监理工程师应及时签署审查意见，并应报建设单位批准后签发工程复工令；施工单位未提出复工申请的，总监理工程师应根据工程实际情况指令施工单位恢复施工。

复工报审表应按本规范表 B. 0. 3 的要求填写，工程复工令应按本规范表 A. 0. 7 的要求填写。

【条文说明】总监理工程师签发工程复工令，应事先征得建设单位同意。

【条文解析】本条明确了不同情形下的复工。施工单位提出复工申请的，施工单位报送复工报审表，项目监理机构如果能够确认暂停施工原因消失具备复工条件，审查相关资料符合要求，并报建设单位同意后，由总监理工程师在复工报审表上签署意见，签发工程复工令。项目监理机构认为不具备复工条件的，总监理工程师在复工报审表上应签署不同意复工的意见，并指出原因。建设单位不同意复工的，总监理工程师应全面分析原因做出相应处理。施工单位不提出复工申请的，可能是由于继续停工对施工单位比较有利，总监理工程师应分析现场具体情况，以书面形式指令施工单位恢复施工，并以此书面指令作为复工的时间依据。

6. 3 工程变更

6. 3. 1 项目监理机构可按下列程序处理施工单位提出的工程变更：

1 总监理工程师组织专业监理工程师审查施工单位提出的工程变更申请，提出审查意见。对涉及工程设计文件修改的工程变更，应由建设单位转交原设计单位修改工程设计文件。必要时，项目监理机构应建议建设单位组织设计、施工等单位召开论证工程设计文件的修改方案的专题会议。

2　总监理工程师组织专业监理工程师对工程变更费用及工期影响作出评估。

3　总监理工程师组织建设单位、施工单位等共同协商确定工程变更费用及工期变化，会签工程变更单。

4　项目监理机构根据批准的工程变更文件监督施工单位实施工程变更。

【条文说明】发生工程变更，应经过建设单位、设计单位、施工单位和工程监理单位的签认，并通过总监理工程师下达变更指令后，施工单位方可进行施工。

工程变更需要修改工程设计文件，涉及消防、人防、环保、节能、结构等内容的，应按规定经有关部门重新审查。

【条文解析】本条明确了项目监理机构对于施工单位提出工程变更的处理程序。施工单位提出工程变更的情形有：一是图纸出现错、漏、碰、缺等缺陷无法施工；二是图纸不便施工，变更后更经济、方便；三是采用新材料、新产品、新工艺、新技术的需要；四是施工单位考虑自身利益，为费用索赔而提出工程变更。项目监理机构应准确把握不同情况，按程序处理。特别是对于工程变更可能造成的费用增加和工期变化要及时评估，及时反馈给建设单位，并及时协商处理。

本条对于原规范6.2.1进行了修改，主要考虑：（1）正常情况下，在施工阶段设计单位不应主动提出工程变更；（2）原规范第二款没有实际意义；（3）原规范第三款注重程序性描述，本次修订第二款侧重于任务描述。

6.3.2　工程变更单应按本规范表C.0.2的要求填写。

【条文解析】本条明确了工程变更所应采用的表式。

6.3.3　项目监理机构可在工程变更实施前与建设单位、施工单位等协商确定工程变更的计价原则、计价方法或价款。

【条文解析】本条明确了项目监理机构关于工程变更价款的职责。一般情况下，工程变更的计价原则或计价方法应在施工合同中规定；当施工合同中没有相关规定时，项目监理机构可与建设单位、施工单位等协商确定。

6.3.4　建设单位与施工单位未能就工程变更费用达成协议时，项目监理机构可提出一个暂定价格并经建设单位同意，作为临时支付工程款的依据。工程变更款项最终结算时，应以建设单位与施工单位达成的协议为依据。

【条文说明】工程变更价款确定的原则如下：

1　合同中已有适用于变更工程的价格，按合同已有的价格计算、变更合同价款。

2　合同中有类似于变更工程的价格，可参照类似价格变更合同价款。

3　合同中没有适用或类似于变更工程的价格，总监理工程师应与建设单位、施工单位就工程变更价款进行充分协商达成一致；如双方达不成一致，由总监理工程师按照成本加利润的原则确定工程变更的合理单价或价款，如有异议，按施工合同约定的争议程序处理。

【条文解析】本条明确了工程变更费用的确定原则。工程变更费用的计算有时简单有时复杂，而且需要时间，要避免僵持局面出现，通过暂定价作为临时性依据，解决进度款支付问题。

6.3.5 项目监理机构可对建设单位要求的工程变更提出评估意见，并应督促施工单位按会签后的工程变更单组织施工。

【条文说明】项目监理机构评估后确实需要变更的，建设单位应要求原设计单位编制工程变更文件。

【条文解析】本条明确了项目监理机构对于建设单位提出工程变更的职责。建设单位提出工程变更，可能是由于局部调整使用功能，也可能是方案阶段考虑不周，项目监理机构应对于工程变更可能造成的设计修改、工程暂停、返工损失、增加工程造价等进行全面评估，为建设单位正确决策提供依据，避免反复和不必要的浪费。

6.4 费 用 索 赔

6.4.1 项目监理机构应及时收集、整理有关工程费用的原始资料，为处理费用索赔提供证据。

【条文说明】涉及工程费用索赔的有关施工和监理文件资料包括：施工合同、采购合同、工程变更单、施工组织设计、专项施工方案、施工进度计划、建设单位和施工单位的有关文件、会议纪要、监理记录、监理工作联系单、监理通知单、监理月报及相关监理文件资料等。

【条文解析】本条为新增内容，明确了项目监理机构关于收集索赔证据的职责。根据不同工程类别和项目本身特点，原始资料可包括条文说明中的文字资料，也可以是照片及音像资料等。

6.4.2 项目监理机构处理费用索赔的主要依据应包括下列内容：

1 法律法规。

2 勘察设计文件、施工合同文件。

3 工程建设标准。

4 索赔事件的证据。

【条文说明】处理索赔时，应遵循"谁索赔，谁举证"原则，并注意证据的有效性。

【条文解析】本条明确了项目监理机构处理费用索赔的主要依据。

6.4.3 项目监理机构可按下列程序处理施工单位提出的费用索赔：

1 受理施工单位在施工合同约定的期限内提交的费用索赔意向通知书。

2 收集与索赔有关的资料。

3 受理施工单位在施工合同约定的期限内提交的费用索赔报审表。

4 审查费用索赔报审表。需要施工单位进一步提交详细资料时，应在施工合同约定的期限内发出通知。

5 与建设单位和施工单位协商一致后，在施工合同约定的期限内签发费用索赔报审表，并报建设单位。

【条文说明】总监理工程师在签发索赔报审表时，可附一份索赔审查报告。索赔审查报告内容包括受理索赔的日期，索赔要求、索赔过程，确认的索赔理由及合同依据，批准的索赔额及其计算方法等。

【条文解析】本条明确了项目监理机构对施工单位提出费用索赔的处理程序。处理费用索赔应注意"时效"，索赔意向和索赔报审都要在施工合同约定的期限内完成。费用确定要依据施工合同所确定的原则和工程量清单，并与相关方通过协商取得一致。

6.4.4 费用索赔意向通知书应按本规范表 C.0.3 的要求填写；费用索赔报审表应按本规范表 B.0.13 的要求填写。

【条文解析】本条明确了费用索赔意向通知书和费用索赔报审表所应采用的表式。

6.4.5 项目监理机构批准施工单位费用索赔应同时满足下列条件：

1 施工单位在施工合同约定的期限内提出费用索赔。

2 索赔事件是因非施工单位原因造成，且符合施工合同约定。

3 索赔事件造成施工单位直接经济损失。

【条文解析】本条明确了项目监理机构批准施工单位费用索赔的条件。目前，由于设计周期短造成施工图设计缺陷较多，工程变更不同程度地大量存在，由工程变更带来的费用索赔也大量存在。项目监理机构要准确把握索赔成立条件，妥善受理、准确批准。

6.4.6 当施工单位的费用索赔要求与工程延期要求相关联时，项目监理机构可提出费用索赔和工程延期的综合处理意见，并应与建设单位和施工单位协商。

【条文解析】本条明确了费用索赔和工程延期相关联时的处理方式。项目监理机构提出综合处理意见时应充分考虑建设单位意见，并与相关方协商一致。

6.4.7 因施工单位原因造成建设单位损失，建设单位提出索赔时，项目监理机构应与建设单位和施工单位协商处理。

【条文解析】本条明确了项目监理机构对于建设单位提出索赔的处理方式。建设单位损失的索赔在施工合同中有约定，项目监理机构应依据约定与相关方协商解决。

6.5 工程延期及工期延误

6.5.1 施工单位提出工程延期要求符合施工合同约定时，项目监理机构应予以受理。

【条文说明】项目监理机构在受理施工单位提出的工程延期要求后应收集相关资料，并及时处理。

【条文解析】本条明确了项目监理机构应依据施工合同约定受理工程延期申请的职责。

6.5.2 当影响工期事件具有持续性时，项目监理机构应对施工单位提交的阶段性工程临时延期报审表进行审查，并应签署工程临时延期审核意见后报建设单位。

当影响工期事件结束后，项目监理机构应对施工单位提交的工程最终延期报审表进行审查，并应签署工程最终延期审核意见后报建设单位。

工程临时延期报审表和工程最终延期报审表应按本规范表 B.0.14 的要求填写。

【条文解析】本条明确了工程临时延期和工程最终延期的审批程序，以及工程临时延期报审表和工程最终延期报审表所应采用的表式。

6.5.3 项目监理机构在批准工程临时延期、工程最终延期前，均应与建设单位和施工单位协商。

【条文说明】当建设单位与施工单位就工程延期事宜协商达不成一致意见时，项目监理机构应提出评估意见。

【条文解析】本条明确了项目监理机构在工程临时延期和工程最终延期批准之前的协商程序。

6.5.4 项目监理机构批准工程延期应同时满足下列条件：

1 施工单位在施工合同约定的期限内提出工程延期。

2 因非施工单位原因造成施工进度滞后。

3 施工进度滞后影响到施工合同约定的工期。

【条文解析】本条明确了项目监理机构批准工程延期的条件。项目监理机构应把握的要点：工程延期是否由非施工单位原因造成，施工进度滞后是否影响合同工期，施工单位是否在合同规定的时限内提出。

6.5.5 施工单位因工程延期提出费用索赔时，项目监理机构可按施工合同约定进行处理。

【条文解析】本条明确了工程延期与费用索赔相关联时的处理方式。项目监理机构应按施工合同约定，提出处理意见并与建设单位协商处理。

6.5.6 发生工期延误时，项目监理机构应按施工合同约定进行处理。

【条文解析】本条明确了工期延误的处理方式。

6.6 施工合同争议

6.6.1 项目监理机构处理施工合同争议时应进行下列工作：

1 了解合同争议情况。

2 及时与合同争议双方进行磋商。

3 提出处理方案后，由总监理工程师进行协调。

4 当双方未能达成一致时，总监理工程师应提出处理合同争议的意见。

【条文说明】项目监理机构可要求争议双方出具相关证据。总监理工程师应遵守客观、公平的原则，提出合同争议的处理意见。

【条文解析】本条明确了项目监理机构处理施工合同争议的程序。处理合同争议是项目监理机构协调工作的重要内容，项目监理机构应按施工合同中关于合同争议处理条款的规定提出处理意见。

6.6.2 项目监理机构在施工合同争议处理过程中，对未达到施工合同约定的暂停履行合同条件的，应要求施工合同双方继续履行合同。

【条文解析】本条明确了除非发生达到施工合同约定的暂停履行合同的条件，否则，施工合同争议不可以作为施工单位不继续施工的理由，也不可以作为建设单位不履行合同义务的理由。

6.6.3 在施工合同争议的仲裁或诉讼过程中，项目监理机构应按仲裁机关或法院要求提供与争议有关的证据。

【条文解析】本条明确了项目监理机构在施工合同争议引起仲裁或诉讼时提供相关证据的职责。

6.7 施工合同解除

6.7.1 因建设单位原因导致施工合同解除时，项目监理机构应按施工合同约定与建设单位和施工单位从下列款项协商确定施工单位应得款项，并签发工程款支付证书：

1 施工单位按施工合同约定已完成的工作应得款项。

2 施工单位按批准的采购计划订购工程材料、构配件、设备的款项。

3 施工单位撤离施工设备至原基地或其他目的地的合理费用。

4 施工单位人员的合理遣返费用。

5 施工单位合理的利润补偿。

6 施工合同约定的建设单位应支付的□□违约金。

【条文解析】本条明确了因建设单位□□□□□□解除时，施工单位可获得的经济补偿项目。

6.7.2 因施工单位原因导致施工合同解□□□□□合同约定，从下列款项中确定施工单位应得款项或偿还建□□□□□位和施工单位协商后，书面提交施工单位应得款项或偿□□□□

1 施工单位已按施工合同约定完□□□□□□付的款项。

2 施工单位已提供的材料、构□□□□□□。

3 对已完工程进行检查和验□□□□□□工程质量缺陷等所需的费用。

4 施工合同约定的施工单□□□□□。

【条文解析】本条明确了由于□□□□□除时，施工单位应得款项或偿还建设单位的款项。

6.7.3 因非建设单位、施工单□□□□□项目监理机构应按施工合同约定处理合同解除后的有关事□□□

【条文解析】本条明确了□□□□□成施工单位原因导致施工合同解除时有关事宜的职责。

7 监理文件资料管理

本章明确了监理文件资料的组成和归档要求。

7.1 一 般 规 定

7.1.1 项目监理机构应建立完善监理文件资料管理制度，宜设专人管理监理文件资料。

【条文说明】监理文件资料是实施监理过程的真实反映，既是监理工作成效的根本体现，也是工程质量、生产安全事故责任划分的重要依据，项目监理机构应做到"明确责任，专人负责"。

【条文解析】本条对项目监理机构的文件资料管理制度、管理人员提出了明确要求。

7.1.2 项目监理机构应及时、准确、完整地收集、整理、编制、传递监理文件资料。

【条文说明】监理人员应及时分类整理自己负责的文件资料，并移交由总监理工程师指定的专人进行管理，监理文件资料应准确、完整。

【条文解析】本条明确了项目监理机构对监理文件资料的管理环节及其要求。

7.1.3 项目监理机构宜采用信息技术进行监理文件资料管理。

【条文解析】本条为新增内容，明确了监理文件资料管理的手段。

7.2 监理文件资料内容

7.2.1 监理文件资料应包括下列主要内容：

1 勘察设计文件、建设工程监理合同及其他合同文件。

2 监理规划、监理实施细则。

3 设计交底和图纸会审会议纪要。

4 施工组织设计、（专项）施工方案、施工进度计划报审文件资料。

5 分包单位资格报审文件资料。

6 施工控制测量成果报验文件资料。

7 总监理工程师任命书，工程开工令、暂停令、复工令，工程开工或复工报审文件资料。

8 工程材料、构配件、设备报验文件资料。

9 见证取样和平行检验文件资料。

10 工程质量检查报验资料及工程有关验收资料。

11 工程变更、费用索赔及工程延期文件资料。

12 工程计量、工程款支付文件资料。

13 监理通知单、工作联系单与监理报告。

14 第一次工地会议、监理例会、专题会议等会议纪要。

15 监理月报、监理日志、旁站记录。

16 工程质量或生产安全事故处理文件资料。

17 工程质量评估报告及竣工验收监理文件资料。

18 监理工作总结。

【条文说明】合同文件、勘察设计文件是建设单位提供的监理工作依据。

项目监理机构收集归档的监理文件资料应为原件，若为复印件，应加盖报送单位印章，并由经手人签字、注明日期。

监理文件资料涉及的有关表格应采用本规范统一表式，签字盖章手续完备。

【条文解析】本条明确了监理文件资料的主要组成内容。

7.2.2 监理日志应包括下列主要内容：

1 天气和施工环境情况。

2 当日施工进展情况。

3 当日监理工作情况，包括旁站、巡视、见证取样、平行检验等情况。

4 当日存在的问题及处理情况。

5 其他有关事项。

【条文说明】总监理工程师应定期审阅监理日志，全面了解监理工作情况。

【条文解析】本条为新增内容，明确了监理日志的主要内容。

7.2.3 监理月报应包括下列主要内容：

1 本月工程实施情况。

2 本月监理工作情况。

3 本月施工中存在的问题及处理情况。

4 下月监理工作重点。

【条文说明】监理月报是项目监理机构定期编制并向建设单位和工程监理单位提交的重要文件。

监理月报应包括以下具体内容：

1 本月工程实施概况：

1）工程进展情况，实际进度与计划进度的比较，施工单位人、机、料进场及使用情况，本期在施部位的工程照片。

2）工程质量情况，分项分部工程验收情况，工程材料、设备、构配件进场检验情况，主要施工试验情况，本月工程质量分析。

3）施工单位安全生产管理工作评述。

4）已完工程量与已付工程款的统计及说明。

2 本月监理工作情况：

1）工程进度控制方面的工作情况。

2）工程质量控制方面的工作情况。

3）安全生产管理方面的工作情况。

4）工程计量与工程款支付方面的工作情况。

5）合同其他事项的管理工作情况。

6）监理工作统计及工作照片。

3 本月工程实施的主要问题分析及处理情况：

1）工程进度控制方面的主要问题分析及处理情况。

2）工程质量控制方面的主要问题分析及处理情况。

3）施工单位安全生产管理方面的主要问题分析及处理情况。

4）工程计量与工程款支付方面的主要问题分析及处理情况。

5）合同其他事项管理方面的主要问题分析及处理情况。

4　下月监理工作重点：

1）在工程管理方面的监理工作重点。

2）在项目监理机构内部管理方面的工作重点。

【条文解析】本条明确了监理月报的主要内容。项目监理机构应及时向建设单位报送编制完成的监理月报。

7.2.4　监理工作总结应包括下列主要内容：

1　工程概况。

2　项目监理机构。

3　建设工程监理合同履行情况。

4　监理工作成效。

5　监理工作中发现的问题及其处理情况。

6　说明和建议。

【条文说明】监理工作总结经总监理工程师签字后报工程监理单位。

【条文解析】本条明确了监理工作总结的主要内容。项目竣工后，项目监理机构应对监理工作进行总结，监理工作总结经总监理工程师签字并加盖工程监理单位公章后报送建设单位。

7.3　监理文件资料归档

7.3.1　项目监理机构应及时整理、分类汇总监理文件资料，并应按规定组卷，形成监理档案。

【条文说明】监理文件资料的组卷及归档应符合相关规定。

【条文解析】本条明确了项目监理机构对监理文件资料组卷、归档的要求。

7.3.2　工程监理单位应根据工程特点和有关规定，保存监理档案，并应向有关单位、部门移交需要存档的监理文件资料。

【条文说明】工程监理单位应按合同约定向建设单位移交监理档案。工程监理单位自行保存的监理档案保存期可分为永久、长期、短期三种。

【条文解析】本条明确了监理档案保存和移交的具体要求。

8 设备采购与设备监造

本章明确了设备采购与设备监造的工作依据,明确了项目监理机构在设备采购、设备监造等方面的工作职责、原则、程序、方法和措施。

8.1 一般规定

8.1.1 项目监理机构应根据建设工程监理合同约定的设备采购与设备监造工作内容配备监理人员,并明确岗位职责。

【条文解析】本条明确了设备采购与设备监造的工作依据,并提出了项目监理机构设置的一般要求。本条融合了原规范8.1.1和8.2.1条内容。

设备采购与设备监造项目监理机构的设置、人员配备、岗位分工和相应的职责可参照本规范第3章执行。

8.1.2 项目监理机构应编制设备采购与设备监造工作计划,并应协助建设单位编制设备采购与设备监造方案。

【条文解析】本条明确了项目监理机构应编制设备采购与设备监造工作计划,并协助建设单位编制设备采购与设备监造方案的职责要求。本条融合了原规范8.1.2、8.1.3、8.1.4、8.1.5和8.2.3条内容。

项目监理机构应根据工程项目总进度计划编制设备采购和设备监造工作计划,并报建设单位批准。

设备采购和设备监造工作计划经建设单位批准后,项目监理机构应根据拟采购设备的数量、类型、质量要求、周期要求、市场供货情况、价格控制要求等因素协助建设单位(采购方)编制设备采购方案,并根据监理合同要求编制设备监造方案。设备监造方案应包括所监造设备的概况、监造工作的范围、内容、目标和依据、项目监造机构的组织形式、人员配备计划及岗位职责、分工、监造工作程序、实施监造工作的方法及措施、工作制度和监造设施的配备等内容。

8.2 设 备 采 购

8.2.1 采用招标方式进行设备采购时,项目监理机构应协助建设单位按有关规定组织设备采购招标。采用其他方式进行设备采购时,项目监理机构应协助建设单位进行询价。

8.2.2 项目监理机构应协助建设单位进行设备采购合同谈判,并应协助签订设备采购合同。

【条文说明】8.2.1、8.2.2建设单位委托设备采购服务的,项目监理机构的主要工作内容是协助建设单位编制设备采购方案、择优选择设备供应单位和签订设备采购合同。

总监理工程师应组织设备专业监理人员,依据建设工程监理合同制订设备采购工作的程序、方法和措施。

【条文解析】8.2.1、8.2.2条明确了项目监理机构协助建设单位进行设备采购的工作内容和要求。

项目监理机构在协助建设单位选择合格的设备制造单位、签订完整有效的设备采购订货合同的同时，应控制好设备的质量、价格和交货时间等重要环节。

（1）当采用招标方式进行设备采购时，项目监理机构应按下列步骤开展工作：

1）掌握设计文件中对设备提出的要求，帮助建设单位起草招标文件，做好招标单位的资格预审工作。

2）参加对招标单位的考察调研，提出意见或建议，协助建设单位拟定考察结论。

3）参加招标答疑会、询标会。

4）参加评标、定标会议。评标条件可以是投标报价的合理性、设备的先进性、可靠性、制造质量、使用寿命和维修的难易及备件的供应、交货时间、安装调试时间、运输条件，以及投标单位的生产管理、技术管理、质量管理、企业信誉、执行合同能力、投标企业提供的优惠条件等方面。

5）协助建设单位起草合同，参加合同谈判，协助建设单位签署采购合同。使采购合同符合有关法律法规的规定、合同条款准确无遗漏。

6）协助建设单位向中标单位移交必要的技术文件。

（2）当采用非招标方式进行设备采购时，项目监理机构应协助建设单位进行设备询价、设备采购的技术及商务谈判等工作。

合同谈判前，应确定合同形式与价格构成，明确定价原则，并成立技术谈判组和商务谈判组，确定谈判成员名单及职责分工，明确工作纪律。在谈判工作结束后，应及时编写谈判报告，进行合同文件整理与会审。

会审时，技术与商务谈判组全体人员参与审查。进行合同会审和会签后，将合同报建设单位审批，审批后协助建设单位签订合同。

8.2.3 设备采购文件资料应包括下列主要内容：

1 建设工程监理合同及设备采购合同。

2 设备采购招投标文件。

3 工程设计文件和图纸。

4 市场调查、考察报告。

5 设备采购方案。

6 设备采购工作总结。

【条文说明】设备采购工作完成后，由总监理工程师按要求负责整理汇总设备采购文件资料，并提交建设单位和本单位归档。

【条文解析】本条明确了设备采购文件资料的内容。本条融合了原规范8.1.9、8.3.1条内容。

采购工作结束后，监理单位应向建设单位提交设备采购监理工作总结。设备采购总结由总监理工程师组织编写，一般应包括采购设备的情况及主要技术性能要求，监理工作范围及内容，监理组织机构，监理人员组成及监理合同履行情况，监理工作成效，出现的问题和建议等。

8.3 设 备 监 造

8.3.1 项目监理机构应检查设备制造单位的质量管理体系，并应审查设备制造单位报送的设备制造生产计划和工艺方案。

【条文说明】专业监理工程师应对设备制造单位的质量管理体系建立和运行情况进行检查，审查设备制造生产计划和工艺方案。审查合格并经总监理工程师批准后方可实施。

【条文解析】本条明确了项目监理机构对设备制造单位相关质量管理体系及设备生产计划和工艺方案进行审查的要求。本条融合了原规范 8.2.2、8.2.4、8.2.5 条内容。考虑到在实际操作中许多具体检查、审查工作是由专业监理工程师负责实施，因此，将原规范中"总监理工程师"改为"项目监理机构"。为加强设备质量管理，增加了"设备制造单位的质量管理体系"的审查。

设备制造单位必须根据制造图纸和技术文件的要求，向项目监理机构申报生产计划和工艺方案，内容包括采用的生产计划安排、工艺技术与流程、生产管理的方法、加工设备、工艺装备、操作技术、检测手段和材料、能源、劳动力组织等情况。专业监理工程师应对设备制造单位的质量管理体系建立和运行情况进行检查，审查设备制造生产计划和工艺方案。审查合格并经总监理工程师批准后方可实施。

8.3.2 项目监理机构应审查设备制造的检验计划和检验要求，并应确认各阶段的检验时间、内容、方法、标准，以及检测手段、检测设备和仪器。

【条文解析】本条明确了项目监理机构对设备制造检验计划及检验要求进行审查的职责和内容。

项目监理机构审查设备制造检验计划和检验要求之前，应熟悉图纸、合同、掌握标准、规范、规程，明确质量要求，明确设计制造过程的要求及质量标准。

8.3.3 专业监理工程师应审查设备制造的原材料、外购配套件、元器件、标准件，以及坯料的质量证明文件及检验报告，并应审查设备制造单位提交的报验资料，符合规定时应予以签认。

【条文说明】专业监理工程师在审查质量证明文件及检验报告时，应审查文件及报告的质量证明内容、日期和检验结果是否符合设计要求和合同约定，审查原材料进货、制造加工、组装、中间产品试验、强度试验、严密性试验、整机性能试验、包装直至完成出厂并具备装运条件的检验计划与检验要求，此外，应对检验的时间、内容、方法、标准以及检测手段、检测设备和仪器等进行审查。

【条文解析】本条明确了专业监理工程师对设备制造用量进行审查和签认的要求。

专业监理工程师在审查质量证明文件及检验报告时，应审查文件及报告的质量证明内容、日期和检验结果是否符合设计要求和合同约定，审查原材料进货、制造加工、组装、中间产品试验、强度试验、严密性试验、整机性能试验、包装直至完成出厂并具备装运条件的检验计划与检验要求，此外，应对检验的时间、内容、方法、标准以及检测手段、检测设备和仪器等进行审查。

8.3.4 项目监理机构应对设备制造过程进行监督和检查，对主要及关键零部件的制造工序应进行抽检。

【条文说明】项目监理机构对设备制造过程监督检查应包括以下主要内容：零件制造是否按工艺规程的规定进行，零件制造是否经检验合格后才转入下一道工序，主要及关键零件的材质和加工工序是否符合图纸、工艺的规定，零件制造的进度是否符合生产计划的要求。

【条文解析】本条明确了项目监理机构对设备制造过程实施监督、检验的职责，以及对主要及关键零部件的制造工序进行控制的措施。

零件是工序形成的产品，其加工质量是该工序的基本要求，也是形成设备整体质量的保证，所以必须加强对零件的加工工序监督和检查，对主要及关键零部件的制造工序进行抽检。

主要及关键零部件由设计人员按产品质量特性分级划分的，并列出清单作为设计技术文件。如果没有清单，项目监理机构应会同设计人员共同协商确认主要及关键零部件的清单。根据主要关键零部件的清单，生产厂家的检验部门需向项目监理机构提交主要关键零部件的质量检验计划和检验要求，经审核批准后实施。项目监理机构应将主要及关键零部件制造的工艺流程图，每道工序的质量特性值和质量控制要求，监理方式和抽检的数量和频率，验收标准等编入相应的监理方案。

8.3.5 项目监理机构应要求设备制造单位按批准的检验计划和检验要求进行设备制造过程的检验工作，并应做好检验记录。项目监理机构应对检验结果进行审核，认为不符合质量要求时，应要求设备制造单位进行整改、返修或返工。当发生质量失控或重大质量事故时，应由总监理工程师签发暂停令，提出处理意见，并应及时报告建设单位。

【条文说明】总监理工程师签发暂停制造指令时，应同时提出如下处理意见：

1 要求设备制造单位进行原因分析。

2 要求设备制造单位提出整改措施并进行整改。

3 确定复工条件。

【条文解析】本条明确了项目监理机构对设备制造过程进行检验的要求，以及对不合格零件、质量失控或质量事故的处置程序。

检验是对零件的质量特性进行测量、检查、试验和计量，并将检验的数据与设计图纸或者工艺规程规定的数据比较，判断质量特性的符合性，从而鉴别零件是否合格。同时还要及时汇总和分析零件检验质量信息，为采取纠正措施提供依据。因此，检验是保证零件加工质量和设备制造质量的重要措施和手段。

设备制造前，设备制造单位应根据设备采购供货合同、设计文件、标准规范等要求制定具体的检验计划和检验要求。总监理工程师应组织专业监理工程师对设备制造单位报审的检验计划和检验要求进行审查，符合要求后由总监理工程师签认，并报建设单位批准后实施。

设备制造过程中，设备制造单位按批准的检验计划和检验要求对设备制造过程进行检验，并做好检验记录。项目监理机构依照设计文件、标准规范、监造方案、检验计划和检验要求、采购供货合同等要求，对设备制造单位的检验结果进行审核，认为不符合质量要求时，要求设备制造单位进行整改、返修或返工。

专业监理工程师应明确整改或停工、返修或返工、因废品而重新投料补件等情况对制造进度造成的影响，督促设备制造单位采取合理的措施追上原定生产计划安排的进度。专业监理工程师还应掌握不合格零件的处置情况，了解返修和返工零件的情况，检查返修工艺和返修文件的签署，检查返修的质量是否符合要求。

当发生质量失控或重大质量事故时，设备制造单位必须按程序及时上报，总监理工程师应签发暂停令，按条文说明的要求提出处理意见，并及时报告建设单位。

8.3.6 项目监理机构应检查和监督设备的装配过程。

【条文说明】在设备装配过程中，专业监理工程师应检查配合面的配合质量、零部件的定位质量及连接质量、运动件的运动精度等装配质量是否符合设计及标准要求。

【条文解析】本条明确了设备装配过程中项目监理机构的职责。

整机总装（装配）是指将合格的零件和外购配套件、元器件按设计图纸的要求和装配工艺的规定进行定位和连接，装配在一起并调整模块之间的关系，使之形成具有规定的技术性能的设备。专业监理工程师应按设计文件、规范标准、施工计划、检验计划和检验要求等文件检查和监督整个设备的装配过程，检查模块和整机的装配质量、零部件的定位及连接质量、运动件的运动精度等，符合装配质量要求时予以签认。

8.3.7 在设备制造过程中如需要对设备的原设计进行变更时，项目监理机构应审查设计变更，并应协调处理因变更引起的费用和工期调整，同时应报建设单位批准。

【条文说明】在对原设计进行变更时，专业监理工程应进行审核，并督促办理相应的设计变更手续和移交修改函件或技术文件等。对可能引起的费用增减和制造工期的变化按设备制造合同约定协商确定。

【条文解析】本条明确了项目监理机构处理设计的程序和要求。

在设备制造过程中，建设单位、监理单位或设备制造单位对设备设计文件提出的修改意见，都应经原设计单位签认并出具设计变更文件后，方可修改。项目监理机构设计变更的处理可参照本规范6.3节执行。

设计变更不应降低工程质量标准，在技术上可行、可靠，功能上满足使用要求、安全储备，对竣工后的运营与管理不产生不良影响。设计变更的审批应贯彻事前控制、事后监督、依据合同、界定责任、技术经济合理的原则。

8.3.8 项目监理机构应参加设备整机性能检测、调试和出厂验收，符合要求后应予以签认。

【条文说明】项目监理机构签认时，应要求设备制造单位提供相应的设备整机性能检测报告、调试报告和出厂验收书面证明资料。

【条文解析】本条明确了设备整机性能检测、调试和出厂验收过程中项目监理机构的职责。

设备的整机性能检测是设备制造质量的综合评定，是设备出厂前质量控制的重要阶段。设备制造单位生产的所有合同设备、部件（包括分包和外购部分），出厂前需进行部件或整机总装试验。所有试验和总装（装配）必须有正式的记录文件，作为技术资料的一部分存档。

总监理工程师应组织专业监理工程师参加设备的调整测试和整机性能检测，记录数据，验证设备是否达到合同规定的技术指标和质量要求，符合要求后予以签认。项目监理机构签认时，应要求设备制造单位提供相应的设备整机性能检测报告、调试报告和出厂验收书面证明等质量记录资料。

8.3.9 在设备运往现场前，项目监理机构应检查设备制造单位对待运设备采取的防护和包装措施，并应检查是否符合运输、装卸、储存、安装的要求，以及随机文件、装箱单和附件是否齐全。

【条文说明】检查防护和包装措施应考虑：运输、装卸、储存、安装的要求，主要应包括：防潮湿、防雨淋、防日晒、防振动、防高温、防低温、防泄漏、防锈蚀、须屏蔽及放置形式等内容。

【条文解析】本条明确了项目监理机构对设备出厂、待运前防护和包装状态的检查内容和要求。

在设备出厂前，专业监理工程师应检查设备制造单位对待运设备采取防护和包装措施是否符合按设计要求，并应检查是否符合运输、装卸、贮存、安装的要求，以及随机文件、装箱单和附件是否齐全，符合要求后由总监理工程师签认后方可出厂。

为保证设备的质量，设备制造单位在设备运输前应做好包装工作，制订合理的运输方案。监理工程师要对设备包装质量进行检查、审查设备运输方案。

8.3.10 设备运到现场后，项目监理机构应参加设备制造单位按合同约定与接收单位的交接工作。

【条文说明】设备交接工作一般包括开箱清点、设备和资料检查与验收、移交等内容。

【条文解析】本条明确了项目监理机构在设备交货过程的工作要求。

设备交接工作过程中应注意以下主要问题：

（1）做好交接货的准备工作

1）设备制造单位应在发运前合同约定的时间内向建设单位发出通知。项目监理机构在接到发运通知后及时组织有关人员做好现场接货的准备工作，包括通行道路、储存方案、场地清理、保管工作等。

2）接到发运通知后，项目监理机构应督促做好卸货的准备工作。

3）当由于建设单位或现场条件原因要求设备制造单位推迟设备发货时，项目监理机构应督促建设单位及时通知设备制造单位，建设单位应承担推迟期间的仓储费和必要的保养费。

（2）做好到货检验工作

1）货物到达目的地后，建设单位向设备制造单位发出到货检验通知，项目监理机构应与双方代表共同进行检验。

2）货物清点。双方代表共同根据运单和装箱单对货物的包装、外观和件数进行清点。如果发现任何不符之处，经过双方代表确认属于设备制造单位责任后，由设备制造单位处理解决。

3）开箱检验。货物运到现场后，项目监理机构应尽快督促建设单位与设备制造单位共同进行开箱检验，如果建设单位未通知设备制造单位而自行开箱或每一批设备到达现场后在合同规定的时间内不开箱，产生的后果由建设单位承担，双方共同检验货物的数量、规格和质量，检验结果及其记录，对双方有效，并作为建设单位向设备制造单位提出索赔的证据。

8.3.11 专业监理工程师应按设备制造合同的约定审查设备制造单位提交的付款申请，提出审查意见，并应由总监理工程师审核后签发支付证书。

【条文说明】专业监理工程师可在制造单位备料阶段、加工阶段、完工交付阶段控制费用支出，或按设备制造合同的约定审核进度付款，由总监理工程师审核后签发支付证书。

【条文解析】本条明确了项目监理机构对设备制造单位报审的进度付款申请进行审查和签署支付证书的程序。付款申请、付款审查和支付证书签发的程序、内容和要求可参照本规范 5.3.1、5.3.2、5.3.3 条执行。

项目监理机构对于设备制造单位相关费用的支付审核，应明确三方职责：

（1）设备制造商职责：按合同规定时间，向监理工程师提交付款申请报告，并附上有关单据及其他证明材料。

（2）项目监理机构职责：专业监理工程师对阶段性完成的制造工作工作量进行核实，核查相关资料是否符合合同要求，并签注审查意见；总监理工程师依据专业监理工程师审查意见，签署审核意见，并向建设单位报送付款申请书及相关支持材料；总监理工程师签署支付证书。

（3）建设单位职责：核定与批准付款申请书，并按期拨付相应款项。

8.3.12 专业监理工程师应审查设备制造单位提出的索赔文件，提出意见后报总监理工程师，并应由总监理工程师与建设单位、设备制造单位协商一致后签署意见。

【条文解析】本条明确了项目监理机构处理索赔的程序和要求。项目监理机构对索赔处理可参照本规范 6.4 节执行。

监理工程师在收到设备制造单位提交的索赔文件后，应从法律法规、合同协议、工程量价三个角度，站在独立、公平、客观的立场上对工程索赔进行审查和确认。专业监理工程师在提出书面意见后，应报总监理工程师审核，并由总监理工程师与建设单位、设备制造单位协商一致后签署意见。

8.3.13 专业监理工程师应审查设备制造单位报送的设备制造结算文件，提出审查意见，并应由总监理工程师签署意见后报建设单位。

【条文说明】结算工作应依据设备制造合同的约定进行。

【条文解析】本条明确了项目监理机构对设备制造单位报审的设备制造结算文件进行审查的程序和要求。项目监理机构对结算文件审查的程序和要求可参照本规范 5.3.4、5.3.5 条执行。

设备制造结算文件审查的主要依据包括国家有关法律法规、标准规范，设备采购供货合同，变更及索赔资料，设计文件，招标投标文件等。

8.3.14 设备监造文件资料应包括下列主要内容：

1 建设工程监理合同及设备采购合同。

2 设备监造工作计划。

3 设备制造工艺方案报审资料。

4 设备制造的检验计划和检验要求。

5 分包单位资格报审资料。

6 原材料、零配件的检验报告。

7 工程暂停令、开工或复工报审资料。

8 检验记录及试验报告。

9 变更资料。

10 会议纪要。

11 来往函件。

12 监理通知单与工作联系单。

13 监理日志。

14 监理月报。

15 质量事故处理文件。

16 索赔文件。

17 设备验收文件。

18 设备交接文件。

19 支付证书和设备制造结算审核文件。

20 设备监造工作总结。

【条文说明】设备监造工作完成后，由总监理工程师按要求负责整理汇总设备监造资料，并提交建设单位和本单位归档。

【条文解析】本条明确了设备监造要求归档的文件资料。本条融合了原规范 8.2.2、8.3.3 条内容。设备监造的文件资料管理应符合本规范 7.1 和 7.3 节的要求。

设备监造工作总结一般应包括制造设备的情况及主要技术性能指标，监理工作范围及内容，监理组织机构，监理人员组成及监理合同履行情况，监理工作成效，出现的问题和建议等。设备监造文件由总监理工程师组织编写，设备监造工作结束后，监理单位应向建设单位提交设备监造监理工作总结。

9 相 关 服 务

本章明确了工程监理单位在工程勘察设计阶段和保修阶段开展相关服务的工作依据、内容、程序、职责和要求。

9.1 一 般 规 定

9.1.1 工程监理单位应根据建设工程监理合同约定的相关服务范围，开展相关服务工作，编制相关服务工作计划。

【条文说明】相关服务范围可包括工程勘察、设计和保修阶段的工程管理服务工作。建设单位可委托其中一项、多项或全部服务，并支付相应的服务费用。

相关服务工作计划应包括相关服务工作的内容、程序、措施、制度等。

【条文解析】本条明确了工程监理单位实施相关服务的前提及相关服务工作计划编制要求。

相关服务有别于施工阶段的强制性监理，属于非强制性的管理咨询服务范畴。

在建设工程监理合同中，双方应约定相关服务的范围和内容，服务方式、人员要求、工作依据、双方责任和义务、成果形式、服务期限、服务酬金、质量要求等内容，避免导致漏项和歧义。《建设工程监理合同（示范文本）》有相关服务的内容。《建设工程监理与相关服务收费管理规定》提供了建设工程勘察、设计、保修等阶段相关服务收费标准，实际工作中可由合同双方约定。

相关服务工作计划应包括相关服务工作的内容、程序、措施、制度等。

（1）相关服务工作内容：应与建设工程监理合同约定的内容相符。如协助建设单位编制勘察设计任务书、选择勘察设计单位、编制勘察成果评估报告等，并根据项目监理机构人员情况和项目情况将相关服务内容进行细分，便于进一步落实计划。

（2）相关服务程序：可按管理工作的不同特性和具体任务进行编制，一般用工作流程图表示，以表示各任务或工作之间的逻辑关系。相关服务程序主要包括质量控制程序、进度控制程序、费用控制程序、合同管理程序等。

（3）相关服务措施：针对相关服务内容和程序制定落实措施，包括内容、手段、工具及其他保障措施等。

（4）相关服务制度：主要包括工作检查制度、计划执行制度、人员岗位职责、协调制度、考核制度等。

9.1.2 工程监理单位应按规定汇总整理、分类归档相关服务工作的文件资料。

【条文解析】本条明确了工程监理单位对相关服务文件资料整理、分类归档的工作要求。相关服务文件资料管理应符合本规范7.1和7.3节的要求。

相关服务的文件资料分类应根据服务的阶段和内容在相关服务工作计划中确定，一般应包括：

（1）监理合同及补充协议；

（2）相关服务工作计划；

（3）相关服务的依据性文件；

（4）相关服务的过程性文件（会议纪要、工作日志、检查和审核记录、通知和联系单、支付证书、月报、谈判纪要、调查和考察报告、来往文件等）；

（5）工作成果或及评估报告；

（6）回访记录、工程质量缺陷检查及修复复查记录等；

（7）相关服务工作总结。

9.2 工程勘察设计阶段服务

9.2.1 工程监理单位应协助建设单位编制工程勘察设计任务书和选择工程勘察设计单位，并应协助签订工程勘察设计合同。

【条文说明】工程监理单位协助建设单位选择工程勘察设计单位时，应审查工程勘察设计单位的资质等级、勘察设计人员的资格以及工程勘察设计质量保证体系。

【条文解析】本条明确了工程监理单位协助建设单位选择工程勘察设计单位的程序、工作任务和要求。

（1）编制工程勘察设计任务书时需注意的事项：

1）明确勘察设计范围，包括工程名称、工程性质、拟建地点、相关政府部门对项目的限制条件等；

2）明确建设目标和建设标准；

3）提出对勘察设计成果的要求，包括提交内容、提交质量和深度要求、提交时间、提交方式等。

（2）选择工程勘察设计单位时需注意的事项：

1）选择方式。例如：是公开招标还是邀请招标；是国际招标还是国内招标；是设计竞赛还是方案征集等。当然，选择方式必须符合国家相关法律法规的要求；

2）拟委托的勘察设计任务的范围和内容。包括各阶段设计的深度，各阶段设计的设计者、优化者和相互间的衔接方式，与专业设计的关系和管理模式；

3）勘察设计单位的资质条件及信誉度；

4）团队经验和人员资格要求；

5）质量的保证措施和服务精神；

6）各阶段工作的进度要求；

7）费用预算和使用计划；

8）合同类型。

（3）工程勘察设计合同谈判、签订时需注意的事项：

1）根据勘察设计招标文件及任务书的要求，在合同谈判、订立过程中，进一步对工程勘察设计工作的范围、深度、质量、进度要求予以细化；

2）由于地质情况、政府审查或工程变化造成的工程勘察、设计范围变更，应在合同中界定工程勘察设计单位的相应义务；

3）明确勘察设计费用的包括范围，并根据工程特点来确定付款方式；

4）在合同中应明确工程勘察设计单位配合其他工程参与单位的义务；

5）强调限额设计，将施工图预算控制在项目概算中。鼓励设计单位采用价值工程，对设计方案优化，并以此制定奖励措施。

9.2.2 工程监理单位应审查勘察单位提交的勘察方案，提出审查意见，并应报建设单位。变更勘察方案时，应按原程序重新审查。

勘察方案报审表可按本规范表 B.0.1 的要求填写。

【条文解析】本条明确了工程监理单位审查勘察方案的程序和要求，以及勘察方案报审表的表式。

工程监理单位在审查勘察单位提交的勘察方案前，应事先掌握工程特点、设计要求及现场地质概况，在此基础上运用综合分析手段，对勘察方案详细审查。审查重点包括以下几个方面：

（1）勘察技术方案中工作内容与勘察合同及设计要求是否相符，是否有漏项或冗余。

（2）勘察点的布置是否合理，其数量、深度是否满足规范和设计要求；

（3）各类相应的工程地质勘察手段、方法和程序是否合理，是否符合有关规范的要求；

（4）勘察重点是否符合勘察项目特点，技术与质量保证措施是否还需要细化，以确保勘察成果的有效性；

（5）勘察方案中配备的勘察设备是否满足本项目勘察技术要求；

（6）勘察单位现场勘察组织及人员安排是否合理，是否与勘察进度计划相匹配；

（7）勘察进度计划是否满足工程总进度计划。

9.2.3 工程监理单位应检查勘察现场及室内试验主要岗位操作人员的资格，及所使用设备、仪器计量的检定情况。

【条文说明】现场及室内试验主要岗位操作人员是指钻探设备操作人员、记录人员和室内实验的数据签字和审核人员。

【条文解析】本条明确了工程监理单位对现场、室内试验人员以及设备、仪器计量的审查内容。

根据《建设工程勘察设计管理条例》的规定，国家对从事建设工程勘察、设计活动的专业技术人员，实行执业资格注册管理制度。工程勘察企业应当确保仪器、设备的完好，钻探、取样的机具设备，原位测试，室内试验及测量仪器等应当符合有关规范、规程的要求。

勘察现场及室内试验主要岗位操作人员是指钻探设备机长、记录人员和室内实验的数据签字和审核人员。一般情况下，要求具有上岗证的操作人员包括岩土工程原位测试检测员、室内试验检测员和土工试验上岗人员等。工程监理单位应在工程勘察工作开始前，对勘察现场及室内试验主要岗位的主要操作人员进行审查，核对上岗证，并要求勘察作业时随身携带上岗证以备查。

对于工程现场勘察所使用的设备、仪器计量，要求勘察单位做好设备、仪器计量使用及检定台账，并不定期检查相应的检定证书。发现问题时，应要求勘察单位停止使用不符合要求的勘察设备、仪器，直至提供相关检定证书后方可继续使用。

9.2.4 工程监理单位应检查勘察进度计划执行情况、督促勘察单位完成勘察合同约定的工作内容、审核勘察单位提交的勘察费用支付申请表，以及签发勘察费用支付证书，并应报建设单位。

工程勘察阶段的监理通知单可按本规范表 A.0.3 的要求填写；监理通知回复单可按本

规范表 B.0.9 的要求填写；勘察费用支付申请表可按本规范表 B.0.11 的要求填写；勘察费用支付证书可按本规范表 A.0.8 的要求填写。

【条文解析】本条明确了工程监理单位对勘察进度、费用控制和合同管理的监理职责，以及勘察费用支付的审查程序。还明确了工程勘察阶段的监理通知单、监理通知回复单、勘察费用支付申请表和勘察费用支付证书的表式。

（1）工程监理单位在检查勘察进度计划执行情况时的主要工作：

1）审核勘察进度计划是否符合勘察合同的约定，是否与勘察设计方案相符；

2）记录实际勘察进度，对不符合进度计划的现象或遗漏处予以分析，必要时下发通知，要求勘察单位进行调整；

3）定期召开会议，及时解决勘察中存在的进度问题。

（2）必须满足下列条件，工程监理单位方可签署勘察费用支付申请表及勘察费用支付证书：

1）勘察成果进度、质量符合勘察合同及规范标准的相关要求；

2）勘察变更内容的增补费用具有相应的文件，如补充协议、工程变更单、工作联系单和监理通知等；

3）各项支付款项必须符合勘察合同支付条款的规定；

4）勘察费用支付申请符合审批程序要求。

9.2.5 工程监理单位应检查勘察单位执行勘察方案的情况，对重要点位的勘探与测试应进行现场检查。

【条文说明】重要点位是指勘察方案中工程勘察所需要的控制点、作为持力层的关键层和一些重要层的变化处。对重要点位的勘探与测试可实施旁站。

【条文解析】本条明确了工程监理单位对勘察方案执行情况的检查要求。

工程监理单位应对勘察现场进行巡查，对重要点位的勘探与测试必要时可实施旁站，并检查勘察单位执行勘察方案的情况。发现问题时，应及时通知勘察单位一起到现场进行核查。当工程监理单位与勘察单位对重大工程地质问题的认识不一致时，工程监理单位应提出书面意见供勘察单位参考，必要时可建议邀请有关专家进行专题论证，并及时上报建设单位。

工程监理单位在检查勘察单位执行勘察方案的情况时，需重点检查以下内容：

（1）工程地质勘察范围、内容是否准确、齐全；

（2）钻探及原位测试等勘探点的数量、深度及勘探操作工艺、现场记录和勘探测试成果是否符合规范要求；

（3）水、土、石试样的数量和质量是否符合要求；

（4）取样、运输和保管方法是否得当；

（5）试验项目、试验方法和成果资料是否全面；

（6）物探方法的选择、操作过程和解释成果资料；

（7）检查水文地质试验方法、试验过程及成果资料；

（8）勘察单位操作是否符合有关安全操作规章制度；

（9）勘察单位内业是否规范。

9.2.6 工程监理单位应审查勘察单位提交的勘察成果报告，并应向建设单位提交勘察成果评估报告，同时应参与勘察成果验收。

勘察成果评估报告应包括下列内容：

1 勘察工作概况。

2 勘察报告编制深度、与勘察标准的符合情况。

3 勘察任务书的完成情况。

4 存在问题及建议。

5 评估结论。

【条文解析】本条明确了工程监理单位对勘察成果进行审查和验收的要求，以及勘察成果评估报告的内容。

勘察评估报告由总监理工程师组织各专业监理工程师编制，必要时可邀请相关专家参加。在评估报告编制过程中，应以项目的审批意见、设计要求，标准规范、勘察合同和监理合同等文件为依据，与勘察、设计单位保持沟通，在监理合同约定的时限内完成，并提交建设单位。

勘察报告的深度及与勘察标准的符合情况是评估报告的重点。勘察报告深度应符合国家、地方及有关政府部门的相关文件要求，同时需满足工程设计和勘察合同相关约定的要求。

此外，勘察文件需符合国家有关法律法规和现行工程建设标准规范的规定，其中工程建设强制性标准必须严格执行。勘察文件深度的一般要求如下：

（1）岩土工程勘察应正确反映场地工程地质条件、查明不良地质作用和地质灾害，并通过对原始资料的整理、检查和分析，提出资料完整、评价正确、建议合理的勘察报告。

（2）勘察报告应有明确的针对性。详勘阶段报告应满足施工图设计的要求。

（3）勘察报告一般由文字部分和图表构成。

（4）勘察报告应采用计算机辅助编制。勘察文件的文字、标点、术语、代号、符号、数字均应符合有关规范、标准。

（5）勘察报告应有完成单位的公章（法人公章或资料专用章），应有法人代表（或其委托代理人）和项目的主要负责人签章。图表均应有完成人、检查人或审核人签字。各种室内试验和原位测试，其成果应有试验人、检查人或审核人签字，当测试、试验项目委托其他单位完成时，受托单位提交的成果还应有该单位公章、单位负责人签章。

勘察成果评估结论是对勘察成果质量及完成情况的总体性判断和结论性意见，是建设单位支付勘察成果的依据。工程监理单位的勘察成果评估结论一般包括：勘察成果是否符合相关规定；勘察成果是否符合勘察任务书要求；勘察成果依据是否充分；勘察成果是否真实、准确、可靠；存在问题汇总及解决方案建议；勘察成果是否可以验收等。

9.2.7 勘察成果报审表可按本规范表 B.0.7 的要求填写。

【条文解析】本条明确了勘察成果报审表的表式。

9.2.8 工程监理单位应依据设计合同及项目总体计划要求审查各专业、各阶段设计进度计划。

【条文解析】本条明确了工程监理单位对各阶段设计进度计划进行事先控制的依据和要求。

工程监理单位审查设计各专业、各阶段进度计划的内容包括：

（1）计划中各个节点是否存在漏项现象；

（2）出图节点是否符合项目总体计划进度节点要求；

（3）分析各阶段、各专业工种设计工作量和工作难度，并审查相应设计人员的配置安排是否合理；

（4）各专业计划的衔接是否合理，是否满足工程需要。

9.2.9 工程监理单位应检查设计进度计划执行情况、督促设计单位完成设计合同约定的工作内容、审核设计单位提交的设计费用支付申请表，以及签认设计费用支付证书，并应报建设单位。

工程设计阶段的监理通知单可按本规范表 A.0.3 的要求填写；监理通知回复单可按本规范表 B.0.9 的要求填写；设计费用支付报审表可按本规范表 B.0.11 的要求填写；设计费用支付证书可按本规范表 A.0.8 的要求填写。

【条文解析】本条明确了工程监理单位对设计进度、费用控制和合同管理的监理职责，以及设计费用支付的审查程序。还明确了工程设计阶段的监理通知单、监理通知回复单、设计费用支付申请表和设计费用支付证书的表式。

（1）工程监理单位在检查设计进度计划执行情况时的主要工作：

1）审查设计进度计划执行情况。各阶段设计进度是否符合设计进度计划、设计合同的约定和项目总体计划。发现问题时，及时通知设计单位采取措施予以调整，确保各阶段、各出图节点计划的完成，并及时向建设单位汇报。

2）审查各阶段专业设计进度完成情况，是否满足各阶段设计进度计划，对不符合的，要分析原因，采取措施。必要时下发通知，要求调整专业设计进度。

3）在各阶段设计完成时，要与设计单位共同检查本阶段设计进度完成情况，对照原计划进行分析、比较，商量制定对策，并调整下一阶段的进度计划。

4）定期召开会议，及时解决设计中存在的进度问题。

（2）必须满足下列条件，工程监理单位方可签署设计费用支付申请表及设计费用支付证书：

1）设计成果进度、质量符合设计合同及规范标准的相关要求；

2）设计变更内容的增补费用具有相应的文件，如补充协议、工程变更单、工作联系单和监理通知等；

3）各项支付款项必须符合设计合同支付条款的规定；

4）设计费用支付申请符合审批程序要求。

9.2.10 工程监理单位应审查设计单位提交的设计成果，并应提出评估报告。评估报告应包括下列主要内容：

1 设计工作概况。

2 设计深度、与设计标准的符合情况。

3 设计任务书的完成情况。

4 有关部门审查意见的落实情况。

5 存在的问题及建议。

【条文说明】审查设计成果主要审查方案设计是否符合规划设计要点，初步设计是否符合方案设计要求，施工图设计是否符合初步设计要求。

根据工程规模和复杂程度，在取得建设单位同意后，对设计工作成果的评估可不区分方案设计、初步设计和施工图设计，只出具一份报告即可。

【条文解析】本条明确了工程监理单位对设计成果进行审查和验收的要求，以及设计成果评估报告的内容。

审查设计成果主要审查方案设计是否符合规划设计要点，初步设计是否符合方案设计要求，施工图设计是否符合初步设计要求。评估报告一般应包括以下内容：

（1）对设计深度及与设计标准符合情况的评估。

（2）对设计任务书完成情况的评估。包括：

1）设计成果内容范围是否全面，是否有遗漏；

2）设计成果的功能项目和设备设施配套情况是否符合设计任务书提出的关于工程使用功能和建设标准的要求；

3）设计成果是否满足设计基础资料中的基本要求，如气象、地形地貌、水文地质、地震基本烈度、区域位置等；

4）设计成果质量是否满足设计任务书要求，是否科学、合理、可实施，是否符合相关标准和规范，各专业设计文件之间是否存在冲突和遗漏；

5）设计成果是否满足设计任务书中提出的相关政府部门对项目的限制条件，尤其是主要技术经济指标，如总用地面积、总建筑面积、容积率、建筑密度、绿地率、建筑高度等；

6）设计概算、预算是否满足建设单位既定投资目标要求；

7）设计成果提交的时间是否符合设计任务书要求。

（3）对有关部门审查意见的落实情况的评估。一般是指对规划、国土资源、环保、卫生、交通、消防、抗震、水务、民防、绿化市容、气象等相关政府管理部门意见的落实情况的评估。

（4）存在的问题及建议。工程监理单位在评估报告最后需将各阶段设计成果审查过程中发现的问题和薄弱环节进行汇总，提交设计单位，在下阶段设计中予以调整或修改，以确保设计文件的质量。此外，工程监理单位还应根据自身经验、专家意见，针对项目特点及设计成果提出建议，以供建设单位决策。工程监理单位在评估报告中列出的存在问题，宜分门别类，便于各方能有针对性地提出相关解决方案。

工程监理单位提出的建议需从经济合理性、技术先进性、可实施性等多个方面进行综合考虑。在提供建议的同时，宜提出该建议对相应项目投资、进度、质量目标的影响程度，便于建设单位决策。

9.2.11 设计阶段成果报审表可按本规范表 B.0.7 的要求填写。

【条文解析】本条明确了设计阶段成果报审表的表式。

9.2.12 工程监理单位应审查设计单位提出的新材料、新工艺、新技术、新设备在相关部门的备案情况。必要时应协助建设单位组织专家评审。

【条文说明】审查工作主要针对目前尚未经过国家、地方、行业组织评审、鉴定的新材料、新工艺、新技术、新设备。

【条文解析】本条明确了工程监理单位对设计单位提出的新材料、新工艺、新技术、新设备进行审查的要求。

根据《建设工程勘察设计管理条例》第二十九条，建设工程勘察、设计文件中规定采用的新技术、新材料，可能影响建设工程质量和安全，又没有国家技术标准的，应当由国家认可的检测机构进行试验、论证，出具检测报告，并经国务院有关部门或者省、自治区、直辖市人民政府有关部门组织的建设工程技术专家委员会审定后，方可使用。

工程监理单位对设计单位提出的新材料、新工艺、新技术、新设备进行审查、报审备案时，需注意以下几个方面：

（1）审查工作主要针对目前尚未经过国家、地方、行业组织评审、鉴定的新材料、新工艺、新技术、新设备；

（2）审查设计中的新技术、新工艺、新技术、新设备是否受到当前施工条件和施工机械设备能力以及安全施工等因素限制。如有，则组织设计单位、施工单位以及相关专家共同研讨，提出可实施的解决方案；

（3）凡涉及新材料、新工艺、新技术、新设备的设计内容宜提前向有关部门报审，避免影响后续工作。

9.2.13 工程监理单位应审查设计单位提出的设计概算、施工图预算，提出审查意见，并应报建设单位。

【条文解析】本条明确了工程监理单位对工程设计进行投资控制的要求。

审查设计概算和施工图预算，可将工程投资控制在投资目标内，防止投资规模扩大或出现漏项现象，从而减少投资风险带来的负面影响。

工程监理单位对设计概算和施工图预算审查中，应对项目的工程量、工料机价格、费用计取及编制依据的合法性、时效性、适用范围等各方面进行审核，确保概算和预算的准确性。当概算超估算时或预算超概算时，应仔细分析原因，并采取相应措施，确保投资目标不被突破。如不可避免、确实需要增加投资，则在符合相关部门、建设单位的规定下，采用投资效益合理的设计调整方案。

审查设计概算和施工图预算的内容如下：

（1）工程设计概算和工程施工图预算的编制依据是否准确；

（2）工程设计概算和工程施工图预算内容是否充分反映自然条件、技术条件、经济条件，是否合理运用各种原始资料提供的数据，编制说明是否齐全等；

（3）各类取费项目是否符合规定，是否符合工程实际，有无遗漏或在规定之外的取费；

（4）工程量计算是否正确，有无漏算、重算和计算错误，对计算工程量中各种系数的选用是否有合理的依据；

（5）各分部分项套用定额单价是否正确，定额中参考价是否恰当。编制的补充定额，取值是否合理；

（6）若建设单位有限额设计要求，则审查设计概算和施工图预算是否控制在规定的范围以内。

9.2.14 工程监理单位应分析可能发生索赔的原因，并应制定防范对策。

【条文解析】本条明确了工程监理单位对可能发生的索赔事件进行预先控制的要求。

由于勘察设计合同都是事先签订，一旦发生约定的工作、责任范围变化或工程内容、环境、法规等变化，势必导致相关索赔事件的发生。因此，工程监理单位应对项目参与各方可能提出的索赔事件进行分析，在合同签订和履行过程中采取防范措施，尽可能减少索赔事件的发生，避免对后续工作造成影响。

工程监理单位对勘察设计阶段索赔事件进行防范的对策包括：

（1）协助建设单位编制符合工程特点及建设单位实际需求的勘察设计任务书、勘察设计合同等勘察设计依据性文件；

（2）加强对工程设计勘察方案和勘察设计进度计划的审查；

（3）协助建设单位及时提供勘察设计工作必须的基础性文件；

（4）保持与工程勘察设计单位沟通，定期组织勘察设计会议，及时解决勘察设计单位提出的合理要求；

（5）检查工程勘察设计工作情况，发现问题及时提出，减少错误；

（6）及时检查勘察设计文件及勘察设计成果，并上报建设单位；

（7）严格按照变更流程，谨慎对待变更事宜，减少不必要的工程变更。

9.2.15 工程监理单位应协助建设单位组织专家对设计成果进行评审。

【条文解析】本条明确了工程监理单位对协助建设单位对设计成果评审组织专家评审的工作要求。

工程监理单位组织专家对设计成果评审可按以下程序实施：

（1）事先建立评审制度和程序，并编制设计成果评审计划，列出预评审的设计成果清单；

（2）根据设计成果特点，确定相应的专家人选；

（3）邀请专家参与评审，并提供专家所需评审的设计成果资料、建设单位的需求及相关部门的规定等；

（4）组织相关专家对设计成果评审会议，收集各专家的评审意见；

（5）整理、分析专家评审意见，提出相关建议或解决方案，形成纪要或报告，作为设计优化或下一阶段设计的依据，并报建设单位或相关部门。

9.2.16 工程监理单位可协助建设单位向政府有关部门报审有关工程设计文件，并应根据审批意见，督促设计单位予以完善。

【条文解析】本条明确了工程监理单位在设计文件报审及落实审批意见过程中的工作内容。

为了保证各阶段设计文件的设计深度和设计质量，以及设计文件的完整性和合规性，相关政府部门需对设计方案、初步设计文件进行审查，并对施工图实行委托审查制度。设计文件由建设单位提交相关政府部门或机构审核，工程监理单位可协助建设单位进行报审，并督促设计单位按照相关政府审批意见进行完善，以确保设计文件的质量。

工程监理单位协助建设单位向政府有关部门报审工程设计文件时，首先，需要了解政府设计文件审批程序、报审条件及所需提供的资料等信息，以做好充分准备；其次，提前向相关部门进行咨询，获得相关部门咨询意见，以提高设计文件质量；再次，应事先检查设计文件及附件的完整性、合规性；最后，及时与相关政府部门联系，及时根据审批意见进行反馈和督促设计单位予以完善。

9.2.17 工程监理单位应根据勘察设计合同，协调处理勘察设计延期、费用索赔等事宜。

勘察设计延期报审表可按本规范表 B.0.14 的要求填写；勘察设计费用索赔报审表可

按本规范表 B.0.13 的要求填写。

【条文解析】本条明确了工程监理单位处理勘察设计延期、费用索赔的依据和任务，以及勘察设计延期报审表和勘察设计费用索赔报审表的表式。

由于工程情况复杂，容易造成勘察设计工作任务、内容的变化，势必导致勘察设计单位对工作时间延误、费用增加等进行索赔。工程监理单位应根据勘察设计合同，妥善处理相关索赔事宜，以推动工程顺利开展。

勘察设计的索赔原因一般包括：建设单位未及时提供设计工作所需的基础性资料；建设单位变更工程内容、功能需求；建设单位资金安排不当，影响设计工作；建设单位确认设计文件时间延迟；相关法律法规的重大变化；工程环境变化或不可抗力产生等。

工程监理单位在处理索赔事件时，可借鉴施工阶段索赔处理的程序和方法，遵循"谁索赔，谁举证"原则，以签订的勘察设计合同为依据，并注意相关证据的有效性。工程监理单位可针对索赔事件出具相应的索赔审查报告，内容可包括受理索赔的日期，索赔要求、索赔过程，确认的索赔理由及合同依据，批准的索赔额及其计算方法等。

9.3 工程保修阶段服务

9.3.1 承担工程保修阶段的服务工作时，工程监理单位应定期回访。

【条文说明】由于工作的可延续性，工程保修阶段服务工作一般委托工程监理单位承担。工程保修期限按国家有关法律法规确定。工程保修阶段服务工作期限，应在建设工程监理合同中明确。

【条文解析】本条明确了工程保修阶段工程监理单位的定期回访要求。

由于工作的可延续性，工程保修阶段服务工作一般宜委托同一家工程监理单位承担，但建设单位也可委托其他监理单位承担。保修期阶段相关服务范围和内容应在监理合同中明确，服务期限和服务酬金双方协商确定。注意与国家法定的建设工程保修期限的区别。

工程监理单位履行保修期相关服务前，应制定保修期回访计划及检查内容，并报建设单位批准；保修期期间，应按保修期回访计划及检查内容开展工作，做好记录，定期向建设单位汇报；遇突发事件时，应及时到场，分析原因和责任者，并妥善处理，将处理结果报建设单位；保修期相关服务结束前，应组织建设单位、使用单位、勘察设计单位、施工单位等相关单位对工程进行全面检查，编制检查报告，作为保修期相关服务工作总结的内容一起报建设单位。

9.3.2 对建设单位或使用单位提出的工程质量缺陷，工程监理单位应安排监理人员进行检查和记录，并应要求施工单位予以修复，同时应监督实施，合格后应予以签认。

【条文说明】工程监理单位宜在施工阶段监理人员中保留必要的专业监理工程师，对施工单位修复的工程进行验收和签认。

【条文解析】本条明确了工程监理单位在工程保修期间处理工程质量缺陷的程序、工作内容和要求。

工程监理单位对建设单位或使用单位提出的工程质量缺陷的处理，应考虑以下几个方面：

（1）在检查过程中，对质量问题与缺陷原因进行详细分析，确定质量缺陷的事实和责任，及时做好记录；

（2）对于一般工程质量缺陷，可由工程监理单位直接通知施工单位保修人员进行保修；

（3）对于比较严重的质量缺陷或问题，则由工程监理单位组织建设单位、勘察设计单位、施工单位共同分析原因，确定修复处理方案。修复处理方案经总监理工程师审批后，由监理人员监督施工单位实施；

（4）若修复处理方案不能得到及时实施，工程监理单位应书面通知建设单位，并建议建设单位委托其他施工单位完成，费用由责任者承担；

（5）施工单位整改后，工程监理单位应对整改内容复查，并做好复查记录。

9.3.3 工程监理单位应对工程质量缺陷原因进行调查，并应与建设单位、施工单位协商确定责任归属。对非施工单位原因造成的工程质量缺陷，应核实施工单位申报的修复工程费用，并应签认工程款支付证书，同时应报建设单位。

【条文说明】对非施工单位原因造成的工程质量缺陷，修复费用的核实及支付证明签发，宜由总监理工程师或其授权人签认。

【条文解析】本条明确了工程监理单位对工程质量缺陷原因调查及责任者确定的监理职责，以及非施工单位原因造成的工程质量缺陷的处理程序和工作内容。

产生工程质量缺陷的原因比较多，如果是施工单位原因造成的，则按照本规范第9.3.2处理，其修复费用由施工单位承担。如非施工单位原因造成的，修复费用则由其他责任方承担，修复费用的核实及支付证明签发，宜由原总监理工程师或其授权人签认。

工程监理单位对非施工单位原因造成的工程质量缺陷修复费用核实中，应注意以下几个方面：

（1）修复费用核实应以各方确定的修复方案作为依据；

（2）修复质量合格验收后，方可计取全部修复费用；

（3）修复建筑材料费、人工费、机械费等价格应按正常的市场价格计取，所发生的材料、人工、机械台班数量一般按实结算，也可按相关定额或事先约定的方式结算。

第三部分 表格应用

1 应用说明

（1）基本表式分 A、B、C 三类。A 类表为工程监理单位用表，由工程监理单位或项目监理机构签发；B 类表为施工单位报审、报验用表，由施工单位或施工项目经理部填写后报送工程建设相关方；C 类表为通用表，是工程建设相关方工作联系的通用表。

（2）各类表的签发、报送、回复应当依照合同文件、法律、法规、规范标准等规定的程序和时限进行。

（3）各类表应按有关规定，采用碳素墨水、蓝黑墨水书写或黑色碳素印墨打印，不得使用易褪色的书写材料。

（4）各类表中"□"表示可选择项，以"√"表示被选中项。

（5）填写各类表应使用规范语言，法定计量单位，公历年、月、日。各类表中相关人员的签字栏均须由本人签署。由施工单位提供附件的，应在附件上加盖骑缝章。

（6）各类表在实际使用中，应分类建立统一编码体系，各类表式的编号应连续编号，不得重号、跳号。

（7）各类表中施工项目经理部用章的样章应在项目监理机构和建设单位备案，项目监理机构用章的样章应在建设单位和施工单位备案。

（8）下列表式中，应由总监理工程师签字并加盖执业印章：

1）A.0.2 工程开工令；

2）A.0.5 工程暂停令；

3）A.0.7 工程复工令；

4）A.0.8 工程款支付证书；

5）B.0.1 施工组织设计或（专项）施工方案报审表；

6）B.0.2 工程开工报审表；

7）B.0.10 单位工程竣工验收报审表；

8）B.0.11 工程款支付报审表；

9）B.0.13 费用索赔报审表；

10）B.0.14 工程临时或最终延期报审表。

（9）"A.0.1 总监理工程师任命书"必须由工程监理单位法人代表签字，并加盖工程监理单位公章。

（10）"B.0.2 工程开工报审表"、"B.0.10 单位工程竣工验收报审表"必须由项目经理签字并加盖施工单位公章。

（11）各类表中，"施工项目经理部"是指施工单位在施工现场设立的项目管理机构。

（12）对于各类表中所涉及的有关工程质量方面的附表，由于各行业、各部门的专业要求不同，各类工程的质量验收应按相关专业验收规范及相关表式的要求办理。如果没有相应的表式，工程开工前，项目监理机构应与建设单位、施工单位根据工程特点、质量要求、竣工及归档组卷要求进行协商，定制工程质量验收相应表式。项目监理机构应事前使施工单位、建设单位明确定制表式的使用要求。

2 填表示例

2.1 工程背景

隆翔置业有限公司在滨海市投资新建隆翔商务大厦工程，建筑面积为 4.8 万 m^2（其中地下 1 万 m^2，地上 3.8 万 m^2），结构形式为钢筋混凝土框架剪力墙结构；地上 20 层，地下 2 层，建筑高度为 85.2m。

工程设计单位为滨海时代建筑设计研究院，李克勤为设计负责人。建设单位通过招标选择海鸿建筑安装有限公司为施工总承包单位；通过招标选择汉华建设工程监理有限公司为工程监理单位，双方签订了《建设工程监理合同》。

隆翔置业有限公司委派黄静宇为驻项目现场负责人，负责协调施工现场各项事宜。

海鸿建筑安装工程有限公司组建了项目经理班组。由成斌为项目经理，宋书林为项目技术负责人。

汉华建设工程监理有限公司组建了项目监理机构。公司法人代表陆建安任命张铭新为项目总监理工程师，同时派出陈欣为土建监理工程师，李力为安装监理工程师，王韬为造价监理工程师，杨赫为现场监理安全管理负责人。

根据建设工程施工合同约定，工程合同工期为 28 个月。2010 年 3 月 18 日工程正式开工。

本案例以真实工程为背景，相关项目名称、单位/机构名称以及人员名称均为化名。示例表式中各项时间按工程实际时间填写，但相关内容与要求按《建设工程监理规范》（GB/T 50319-2013）、《建设工程施工合同（示范文本）》（GF-2013-0201）等的最新内容进行填写。

2.2 A 类表（工程监理单位用表）

A.0.1 总监理工程师任命书

（1）背景事件

隆翔置业有限公司于 2010 年 2 月 28 日与汉华建设工程监理有限公司签订了《建设工程监理合同》后，监理单位法人代表陆建安于 2010 年 3 月 1 日签发总监理工程师任命书。

（2）规范对应条文

《建设工程监理规范》（GB/T 50319—2013）第 3.1.3 条。

（3）规范用表说明

工程监理单位法定代表人应根据《建设工程监理合同》约定，任命有类似工程管理经验的注册监理工程师担任项目总监理工程师，并在表 A.0.1 中明确总监理工程师的授权范围。

（4）适用范围

本表适用于《建设工程监理合同》签订后，工程监理单位将对总监理工程师的任命以及相应的授权范围书面通知建设单位。

（5）填表注意事项

《总经理工程师任命书》在《建设工程监理合同》签订后，由工程监理单位法定代表人的签字，并加盖单位公章。

（6）范表

表 A.0.1　总监理工程师任命书

工程名称：隆翔商务大厦　　　　　　　　　　　　　　　　　　　编号：RM-001

致：隆翔置业有限公司（建设单位） 　　兹任命张铭新（注册监理工程师注册号：31008888 ）为我单位隆翔商务大厦监理项目总监理工程师。负责履行《建设工程监理合同》、主持项目监理机构工作。    　　　　　　　　　　　　　　　　　　　　　　　工程监理单位（盖章） 　　　　　　　　　　　　　　法定代表人（签字） 　　　　　　　　　　　　　　　　　　　　　　　2010 年 3 月 1 日

注：本表一式三份，项目监理机构、建设单位、施工单位各一份。

A. 0. 2　工程开工令

（1）背景事件

总监理工程师于 3 月 2 日带领项目监理机构组成人员进驻现场，立即开展施工准备工作的审核，核查施工单位现场质量管理、安全生产管理体系的建立，施工管理及劳务人员、施工机械及工程材料进场情况；施工现场道路及施工用水、用电、通信办公临时设施完成情况。并组织专业监理工程师参加了设计交底和图纸会审，审核了《施工组织设计》。施工单位于 2010 年 3 月 11 日向监理单位提出开工申请，项目监理部于 3 月 13 日认可施工单位完成施工准备，具有开工条件后，同意送建设单位于 3 月 14 日审批同意"工程开工报审表"后，项目监理部于 3 月 15 日签发工程开工令。

（2）规范对应条文

《建设工程监理规范》（GB/T 50319—2013）第 5.1.8 条、第 5.1.9 条。

（3）规范用表说明

建设单位对《工程开工报审表》签署同意意见后，总监理工程师可签发《工程开工令》。《工程开工令》中的开工日期作为施工单位计算工期的起始日期。

（4）适用范围

总监理工程师应组织专业监理工程师审查施工单位报送的《工程开工报审表》及相关资料，确认具备开工条件，报建设单位批准同意开工后，总监理工程师签发《工程开工令》，指示施工单位开工。

（5）填表注意事项

1）总监理工程师应根据建设单位在《工程开工报审表》上的审批意见签署《工程开工令》。

2）《工程开工令》中应明确具体的开工日期。

（6）范表

表 A.0.2　工程开工令

工程名称：隆翔商务大厦　　　　　　　　　　　　　　　　　　　　编号：KG-001

致：海鸿建筑安装工程有限公司（施工单位）

　　经审查，本工程已具备施工合同约定的开工条件，现同意你方开始施工，开工日期为：2010 年 3 月 18 日。

　　附件：工程开工报审表

项目监理机构（盖章）

总监理工程师（签字、加盖执业印章）：

注：本表一式三份，项目监理机构、建设单位、施工单位各一份。

A.0.3　监理通知单

（1）背景事件

事件一：监理人员在进行 5F 梁板钢筋验收中发现现场钢筋加工和安装偏差不符合验收规范和设计要求，通知施工单位整改。

事件二：2011 年 7 月 25 日监理人员在现场巡视检查过程中发现，2011 年 7 月 18 日进场的 SBS 防水卷材见证取样复试未完成，施工方已用于屋面防水工程施工，通知施工单位暂停屋面防水工程施工。

事件三：监理安全管理人员现场巡视检查发现木工圆盘锯使用和焊接作业存在安全隐患，向施工单位提出整改要求。

（2）规范对应条文

《建设工程监理规范》（GB/T 50319—2013）第 5.2.15 条、第 5.4.3 条、第 5.5.5 条、第 5.5.6 条。

（3）规范用表说明

施工单位发生下列情况时，项目监理机构应发出监理通知：在施工过程中出现不符合设计要求、工程建设标准、合同约定；使用不合格的工程材料、构配件和设备；在工程质量、进度、造价等方面存在违法、违规等行为。

施工单位收到《监理通知单》并整改合格后，应使用《监理通知回复单》回复，并附相关资料。

（4）适用范围

在监理工作中，项目监理机构按《建设工程监理合同》授予的权限，针对施工单位出现的各种问题，对施工单位所发出的指令、提出的要求，除另有规定外，均应采用本表。监理工程师现场发出的口头指令及要求，也应采用本表予以确认。

（5）填表注意事项

1）本表可由总监理工程师或专业监理工程师签发，对于一般问题可由专业监理工程师签发，对于重大问题应由总监理工程师或经其同意后签发。

2）"事由"应填写通知内容的主题词，相当于标题。

3）"内容"应写明发生问题的具体部位、具体内容，并写明监理工程师的要求、依据。必要时，应补充相应的文字、图纸、图像等作为附件进行具体说明。

（6）范表（例一）

表 A.0.3　监理通知单

工程名称：隆翔商务大厦 编号：TZ-035

致：海鸿建筑安装工程有限公司隆翔商务大厦项目部（施工项目经理部）

事由：关于5F梁板钢筋验收事宜

内容：

我部监理工程师在5F梁板钢筋安装验收过程发现现场钢筋安装存在以下问题：

1. ③轴～④轴处框架梁处楼板上层钢筋保护层过厚，偏差大于《混凝土结构工程施工质量验收规范》表5.5.2中"板受力钢筋保护层厚度偏差±3mm"的规定。

2. 楼板留洞（⑤轴～⑥轴/Ｅ轴～Ｆ轴）补强钢筋、八字筋不满足设计要求长度。

要求贵部立即对5F梁板钢筋架设高度及补强钢筋长度按设计要求进行整改，自检合格后再报送我部验收，整改未合格前不得进入下道工序施工。

汉华建设工程监理有限公司
隆翔商务大厦监理项目部

项目监理机构（盖章）

总/专业监理工程师（签字）　陈欣

2010 年 12 月 10 日

注：本表一式三份，项目监理机构、建设单位、施工单位各一份。

（7）范表（例二）

表 A.0.3　监理通知单

工程名称：隆翔商务大厦　　　　　　　　　　　　　　　　　　编号：TZ-060

致：海鸿建筑安装工程有限公司隆翔商务大厦项目部（施工项目经理部）
　　事由：关于防水卷材复试未完成已使用事宜

　　内容：我监理人员在现场巡视检查过程中发现，2011 年 7 月 18 日进场的防水卷材见证取样复试未完成，贵方已开始进行屋面防水工程施工，为了保证工程的施工质量，要求贵部立即停止屋面防水工程施工，待材料复试合格后报我部审核同意后再行施工。如复试不合格，则应拆除已施工的防水卷材。

项目监理机构（盖章）

总/专业监理工程师（签字）　陈欣

2011 年 7 月 25 日

注：本表一式三份，项目监理机构、建设单位、施工单位各一份。

（8）范表（例三）

表 A.0.3　监理通知单

工程名称：隆翔商务大厦　　　　　　　　　　　　　　　　　编号：TZ-A020

致：海鸿建筑安装工程有限公司隆翔商务大厦项目部（施工项目经理部）

　　事由：关于施工现场安全隐患及危险品使用事宜

　　内容：

　　　我部监理安全管理人员现场巡视检查发现：

　　　1. 现场施工使用 3 台木工圆盘锯防护罩脱落。

　　　2. 氧气、乙炔皮管用铅丝绑扎，乙炔倒地使用，间距不够。

　　　3. 现场焊接经检查无上岗证，周边未配备灭火器材。

　　　要求施工单位 1 天内整改完成，完成整改后报我部复验，同时对施工人员进行安全教育，消除安全隐患，避免各类安全事故的发生。

　　　　　　　　　　　　　　　　　　　　　　　汉华建设工程监理有限公司
　　　　　　　　　　　　　　　　　　　　　　　隆翔商务大厦监理项目部（盖章）

　　　　　　　　　　　　　　　　　　总/专业监理工程师（签字）杨 赫

　　　　　　　　　　　　　　　　　　　　　　　　　2010 年 11 月 9 日

注：本表一式三份，项目监理机构、建设单位、施工单位各一份。

75

A. 0. 4 监理报告

(1) 背景事件

监理人员于 2010 年 7 月 18、19、20 日连续发现基坑南侧市政管线竖向位移监测值超过设计报警值，管线附近地表开裂范围较大，施工单位采取的措施未能有效控制管线位移，总监理工程师立即报告建设单位，并发出编号为 T-001 的工程暂停令。施工单位在收到总监理工程师发出的工程暂停令后未按要求立即停止施工，7 月 21 日 6 时的监测报告数据显示南侧管线位移继续增加，总监理工程师立即报告建设单位，并向主管部门报告。

(2) 规范对应条文

《建设工程监理规范》（GB/T 50319—2013）第 5.5.6 条。

(3) 规范用表说明

项目监理机构发现工程存在安全事故隐患，发出《监理通知单》或《工程暂停令》后，施工单位拒不整改或者不停工的，应当采用表 A.0.4 及时向政府有关主管部门报告，同时应附相应《监理通知单》或《工程暂停令》等证明监理人员所履行安全生产管理职责的相关文件资料。

(4) 适用范围

当项目监理机构对工程存在安全事故隐患发出《监理通知单》、《工程暂停令》而施工单位拒不整改或不停止施工，以及情况严重时，项目监理机构应及时向有关主管部门报送《监理报告》。

(5) 填表注意事项

1）本表填报时应说明工程名称、施工单位、工程部位，并附监理处理过程文件（《监理通知单》、《工程暂停令》等，应说明时间和编号），以及其他检测资料、会议纪要等。

2）紧急情况下，项目监理机构通过电话、传真或电子邮件方式向政府有关主管部门报告的，事后应以书面形式《监理报告》送达政府有关主管部门，同时抄报建设单位和工程监理单位。

（6）范表

表 A.0.4　监理报告

工程名称：<u>隆翔商务大厦</u>　　　　　　　　　　　　　　　　　编号：<u>BG-002</u>

<table>
<tr><td>

致：<u>滨海市质量安全监督站</u>（主管部门）

　　由<u>海鸿建筑安装工程有限公司</u>（施工单位）施工的<u>隆翔商务大厦基坑开挖工程南部</u>（工程部位），存在安全事故隐患。我方已于<u>2010</u>年<u>7</u>月<u>20</u>日发出编号为：<u>T-001</u>的《监理通知单》／《工程暂停令》，但施工单位未整改/停工。

　　特此报告。

　　附件：□监理通知单
　　　　　☑工程暂停令
　　　　　☑其他：<u>基坑监测报告</u>

汉华建设工程监理有限公司
项目监理机构（盖章）
隆翔商务大厦监理项目部

总监理工程师（签字）　张铭新

2010 年 7 月 20 日

</td></tr>
</table>

注：本表一式四份，主管部门、建设单位、工程监理单位、项目监理机构各一份。

A.0.5 工程暂停令

（1）背景事件

事件一：监理人员于 2010 年 7 月 18、19、20 日连续发现基坑南侧市政管线竖向位移监测值超过设计报警值，管线附近地表开裂范围较大，施工单位采取的措施未能有效控制管线位移，总监理工程师于 2010 年 7 月 20 日发出工程暂停令。

事件二：监理人员在现场巡视检查过程中发现，2011 年 7 月 18 日进场的 SBS 防水卷材见证取样复试未完成，施工方已用于屋面防水工程施工，监理工程师于 7 月 25 日发出《监理通知单》（TZ-060）要求停止施工，但施工单位未执行通知要求。

（2）规范对应条文

《建设工程监理规范》（GB/T 50319—2013）第 5.5.6 条、第 6.2.1 条、第 6.2.2 条、第 6.2.3 条。

（3）规范用表说明

总监理工程师应根据暂停工程的影响范围和程度，按合同约定签发暂停令。签发工程暂停令时，应注明停工部位及范围。

（4）适用范围

本表适用于总监理工程师签发指令要求停工处理的事件，包括：

1）建设单位要求暂停施工且工程需要暂停施工的。

2）施工单位未经批准擅自施工或拒绝项目监理机构管理的。

3）施工单位未按审查通过的工程设计文件施工的。

4）施工单位未按批准的施工组织设计、（专项）施工方案施工或违反工程建设强制性标准的。

5）为保证工程质量而需要停工处理的。

6）施工中出现安全隐患，必须停工消除隐患的。

（5）填表注意事项

1）本表内应注明工程暂停的原因、部位和范围、停工期间应进行的工作等。

2）总监理工程师签发工程暂停令应事先征得建设单位同意，在紧急情况下未能事先报告的，应在事后及时向建设单位作出书面报告。

（6）范表（例一）

表 A.0.5 工程暂停令

工程名称：隆翔商务大厦   编号：T-001

致：海鸿建筑安装工程有限公司隆翔商务大厦项目部（施工项目经理部）

由于隆翔商务大厦工程基坑开挖导致基坑南侧管线竖向位移从 2010 年 7 月 18 日起连续 3 天超过设计报警值原因，现通知你方于2010 年7 月20 日15 时起，暂停基坑开挖部位（工序）施工，并按下述要求做好后续工作。

要求：

暂停基坑开挖，采取有效措施控制因基坑变形而导致的基坑南侧管线位移，待管线位移得到有效控制后再报工程复工报审表申请复工。

项目监理机构（盖章）

总监理工程师（签字、加盖执业印章）   年 月 日

注：本表一式三份，项目监理机构、建设单位、施工单位各一份。

79

（7）范表（例二）

表 A.0.5　工程暂停令

工程名称：隆翔商务大厦　　　　　　　　　　　　　　　　编号：T-002

致：海鸿建筑安装工程有限公司隆翔商务大厦项目部（施工项目经理部）

　　由于2011年7月18日进场的防水卷材见证取样复试未完成，贵方已于8月25日起进行屋面防水卷材敷设施工。本监理部发现后，已于2011年7月25日发出《监理通知单》（TZ-060）要求停止施工，但贵部至今未停止施工原因，现通知你方于2011年7月26日10时起，暂停屋面防水卷材施工部位（工序）施工，并按下述要求做好后续工作。

　　要求：

1. 暂停主楼屋面防水施工，待防水卷材见证取样复试合格后，再进行屋面防水施工。

2. 做好防水卷材施工基层处理工作。

3. 做好防水卷材热铺设操作特殊工种人员证书的核对工作。

　　　　　　　　　　　　　　　　　　　项目监理机构（盖章）

　　　　　　　　总监理工程师（签字、加盖执业印章）

　　　　　　　　　　　　　　　　　　　　　　　　　　　年　月 26 日

注：本表一式三份，项目监理机构、建设单位、施工单位各一份。

A.0.6 旁站记录

（1）背景事件

2010 年 10 月 30 日 1 层结构剪力墙、柱及 2 层梁、板钢筋安装已通过监理工程师验收，施工单位已于 10 月 30 日提出混凝土浇筑申请，并已通过建设单位、施工单位、监理三方确认，同意于 2010 年 10 月 31 日 15 时进行混凝土浇筑。各项准备工作已准备就绪。

（2）规范对应条文

《建设工程监理规范》（GB/T 50319—2013）第 5.2.11 条。

（3）规范用表说明

施工情况包括施工单位质检人员到岗情况、特殊工种人员持证情况以及施工机械、材料准备及关键部位、关键工序的施工是否按（专项）施工方案及工程建设强制性标准执行等情况。

处理情况是指旁站人员对于所发现问题的处理。

（4）适用范围

本表适用于监理人员对关键部位、关键工序的施工质量，实施全过程现场跟踪监督活动的实时记录。

（5）填表注意事项

1）本表为项目监理机构记录旁站工作情况的通用表式。项目监理机构可根据需要增加附表。

2）本表中"施工情况"应记录所旁站部位（工序）的施工作业内容、主要施工机械、材料、人员和完成的工程数量等内容及监理人员检查旁站部位施工质量的情况。

（6）范表

表 A.0.6　旁站记录

工程名称：<u>隆翔商务大厦</u>　　　　　　　　　　　　　　　　编号：PZ-010

旁站的关键部位、 关键工序	1. 层结构剪力墙、柱； 2. 层梁、板混凝土浇筑	施工单位	海鸿建筑安装 工程有限公司
旁站开始时间	2010 年 10 月 31 日 15 时 0 分	旁站结束时间	2010 年 11 月 1 日 4 时 20 分

旁站的关键部位、关键工序施工情况：

　　采用商品混凝土，4 根振动棒振捣，现场有施工员 1 名，质检员 1 名，班长 1 名，施工作业人员 25 名，完成的混凝土数量共有 695m³，（其中 1 层剪力墙、柱 C40　230m³，2 层梁、板 C30　465m³）施工情况正常。

　　现场共做混凝土试块 10 组（C30　6 组，5 标养，1 同条件；C40　4 组，3 标养，1 同条件）

　　检查了施工单位现场质检人员到岗情况，施工单位能执行施工方案，核查了商品混凝土的标号和出厂合格证，结果情况正常。

　　剪力墙、柱、梁、板浇捣顺序严格按照方案执行。

　　现场抽检混凝土坍落度，梁、板 C30 为 175mm、190mm、185mm、175mm（设计坍落度 180±30mm），剪力墙、柱 C40 为 175mm、185mm、175mm（设计坍落度 180±30mm）

发现的问题及处理情况：

　　图 11 月 1 日凌晨 4 点开始下小雨，为避免混凝土表面的外观质量受影响，应做好防雨措施，进行表面覆盖。

旁站监理人员（签字）　陈欣
2010 年 11 月 15 日

注：本表一式一份，项目监理机构留存。

82

A.0.7 工程复工令

(1) 背景事件

事件一：对于基坑南侧市政管线竖向位移监测值超过设计报警值的事件，总监理工程师立即发出《工程暂停令》(T-001)，并提交了《监理报告》(BG-002)。施工单位采取了针对性措施，基坑南侧管线竖向位移得到有效控制，故于2010年7月23日提出复工申请。监理单位核实了相关情况，并签发了《工程复工令》。

事件二：监理人员在现场巡视检查过程中发现，2011年7月18日进场的SBS防水卷材见证取样复试未完成，施工方已用于屋面防水工程施工，监理工程师于7月25日发出《监理通知单》(TZ-060)要求停止施工，但施工单位未执行通知要求，监理工程师又于7月26日发出工程暂停令(T-002)，要求施工单位停止施工。施工单位根据要求于8月19日提供了SBS防水卷材见证取样复试合格的报告，并提出复工申请。

(2) 规范对应条文

《建设工程监理规范》(GB/T 50319—2013) 第6.2.7条。

(3) 适用范围

本表适用于导致工程暂停施工的原因消失、具备复工条件时，施工单位提出复工申请，并且其复工报审表(表B.0.3)及相关材料经审查符合要求后，总监理工程师签发指令同意或要求施工单位复工；施工单位未提出复工申请的，总监理工程师应根据工程实际情况指令施工单位恢复施工。

(4) 填表注意事项

1) 因建设单位原因或非施工单位原因引起工程暂停的，在具备复工条件时，应及时签发《工程复工令》指令施工单位复工。

2) 因施工单位原因引起工程暂停的，施工单位在复工前应使用《工程复工报审表》申请复工；项目监理机构应对施工单位的整改过程、结果进行检查、验收，符合要求的，对施工单位的《工程复工报审表》予以审核，并报建设单位；建设单位审批同意后，总监理工程师应及时签发《工程复工令》，施工单位接到《工程复工令》后组织复工。

3) 本表内必须注明复工的部位和范围、复工日期等，并附《工程复工报审表》等其他相关说明文件。

（5）范表（例一）

表 A. 0. 7   工程复工令

工程名称：<u>隆翔商务大厦</u>   编号：F-001

致：<u>海鸿建筑安装工程有限公司隆翔商务大厦项目部</u>（施工项目经理部） 　　我方发出的编号为 <u>T-001</u> 《工程暂停令》，要求暂停施工的<u>基坑开挖</u>部位（工序），经查已具备复工条件。经建设单位同意，现通知你方于<u>2010</u>年 <u>7</u> 月<u>24</u>日 <u>8</u> 时起恢复施工。 　　　　附件：工程复工报审表   　　　　　　　　　　　　　　　　　　　　　　　　项目监理机构（盖章） 　　　　　　　　　　总监理工程师（签字、加盖执业印章） 　　　　　　　　　　　　　　　　　　　　　　　　　　　　　　　　月 23 日

注：本表一式三份，项目监理机构、建设单位、施工单位各一份。

84

（6）范表（例二）

表 A.0.7 工程复工令

工程名称：隆翔商务大厦 　　　　　　　　　　　　　　　　　　　编号：F-002

<table>
<tr><td>
致：<u>海鸿建筑安装工程有限公司隆翔商务大厦项目部</u>（施工项目经理部）

　　我方发出的编号为　T-002　《工程暂停令》，要求暂停施工的<u>屋面防水卷材</u>部位（工序），经查已具备复工条件。经建设单位同意，现通知你于<u>2011</u>年<u>8</u>月<u>20</u>日<u>8</u>时起恢复施工。

　　附件：工程复工报审表

总监理工程师（签字、加盖执业印章）　　　　　　　　　　　2011 年 8 月 19 日
</td></tr>
</table>

注：本表一式三份，项目监理机构、建设单位、施工单位各一份。

A.0.8 工程款支付证书

（1）背景事件

按施工合同专用合同条款第12.4条约定，基础工程验收工作完成后，建设单位应在2010年10月30日前支付该工程基础分部（桩基子分部除外）的工程款。施工单位于2010年10月19日向建设单位提出支付基础工程分部部分工程款的申请，经监理审核于2010年10月26日提请建设单位审批，建设单位已于2010年10月28日审批同意支付该项工程款。项目监理机构随后于2010年10月29日根据建设单位审批意见向施工单位签发工程款支付证书。

（2）规范对应条文

《建设工程监理规范》（GB/T 50319—2013）第5.3.1条、第5.3.2条、第5.3.5条。

（3）适用范围

本表适用于项目监理机构收到经建设单位签署审批意见的《工程复工报审表》后，根据建设单位的审批意见，签发本表作为工程款支付的证明文件。

（4）填表注意事项

1）项目监理机构应按《建设工程监理规范》（GB/T50319—2013）第5.3.1条规定的程序进行工程计量和付款签证。

2）随本表应附施工单位报送的《工程款支付报审表》及其附件。

3）项目监理机构将《工程款支付证书》签发给施工单位时，应同时抄报建设单位。

（5）范表

表 A.0.8　工程款支付证书

工程名称：<u>隆翔商务大厦</u>　　　　　　　　　　　　　　　编号：ZF-002（支）

致：<u>海鸿建筑安装工程有限公司</u>（施工单位）

　　根据施工合同约定，经审核编号为 <u>ZF-002</u> 工程款支付报审表，扣除有关款项后，同意支付工程款项共计（大写）<u>人民币壹仟玖佰贰拾万贰仟捌佰零贰元整</u>（小写：<u>￥19202802.00 元</u>）。

　　其中：

1. 施工单位申报款为：19937257.00 元；

2. 经审核施工单位应得款为：19611038.00 元；

3. 本期应扣款为：408236.00 元；

4. 本期应付款为：19202802.00 元。

　　附件：工程款支付报审表（ZF-002）及附件

项目监理机构（盖章）

总监理工程师（签字、加盖执业印章）

2010 年 6 月 29 日

注：本表一式三份，项目监理机构、建设单位、施工单位各一份。

2.3 B 类表（施工单位报审、报验用表）

B.0.1 施工组织设计或（专项）施工方案报审表

（1）背景事件

事件一：施工单位已根据合同要求完成了本工程《施工组织设计》的编制，并经施工单位技术负责人审批，报监理单位审核。

事件二：本工程地下 2 层，基坑开挖深度超过 5m，据建质〔2009〕87 号文件规定，属有一定规模的危险性较大分部分项工程，应组织专家进行评审会议。施工单位于 2010 年 5 月 8 日组织专家对该方案进行评审，并根据评审意见对专项方案进行了修改，2010 年 5 月 10 日再次报送监理工程师审核。

（2）规范对应条文

《建设工程监理规范》（GB/T 50319—2013）第 5.1.6 条、第 5.1.7 条、第 5.2.2 条、第 5.2.3 条、第 5.5.3 条、第 5.5.4 条。

（3）规范用表说明

施工单位编制的施工组织设计应由施工单位技术负责人审核签字并加盖施工单位公章。有分包单位的，分包单位编制的施工组织设计/（专项）施工方案均应由施工单位按规定完成相关审批手续后，报送项目监理机构审核。

（4）适用范围

本表除用于施工组织设计或（专项）施工方案报审及施工组织设计（方案）发生改变后的重新报审外，还可用于对危及结构安全或使用功能的分项工程整改方案的报审及重点部位、关键工序的施工工艺、四新技术的工艺方法和确保工程质量的措施的报审。

（5）填表注意事项

1）对分包单位编制的施工组织设计或（专项）施工方案均应由施工单位按相关规定完成相关审批手续后，报项目监理机构审核。

2）施工单位编制的施工组织设计经施工单位技术负责人审批同意并加盖施工单位公章后，与施工组织设计报审表一并报送项目监理机构。

3）对危及结构安全或使用功能的分项工程整改方案的报审，在证明文件中应有建设单位、设计单位、监理单位各方共同认可的书面意见。

（6）范表（例一）

表 B.0.1 施工组织设计／（专项）施工方案报审表

工程名称：<u>隆翔商务大厦</u>　　　　　　　　　　　　　　　　　　　编号：SZ-005

致：<u>汉华建设工程监理有限公司隆翔商务大厦监理项目部</u>（项目监理机构） 　　我方已完成<u>隆翔商务大厦</u>工程施工组织设计／（专项）施工方案的编制和审批，请予以审查。 　　附件：☑施工组织设计 　　　　　□专项施工方案 　　　　　□施工方案   　　　　　　　　　　　　　　　　　　　　　施工单位（盖章） 　　　　　　　　　　　　　　　　　　　　　项目经理（签字） 　　　　　　　　　　　　　　　　　　　　　2010 年 3 月 10 日
审查意见： 　　1. 编审程序符合相关规定； 　　2. 本施工组织设计编制内容能够满足本工程施工质量目标、进度目标、安全生产和文明施工目标均满足施工合同要求； 　　3. 施工平面布置满足工程质量进度要求； 　　4. 施工进度、施工方案及工程质量保证措施可行； 　　5. 资金、劳动力、材料、设备等资源供应计划与进度计划基本衔接； 　　6. 安全生产保障体系及采用的技术措施基本符合相关标准要求。 　　　　　　　　　　　　　　　　　　专业监理工程师（签字） 　　　　　　　　　　　　　　　　　　2010 年 3 月 15 日
审核意见： 　　同意专业监理工程师的意见，请严格按照施工组织设计组织施工。   　　　　　　　　　　　　　　　　　　　　项目监理机构（盖章） 　　　　　　　　　　　　　　　　　　总监理工程师（签字、加盖执业印章） 　　　　　　　　　　　　　　　　　　2010 年 3 月 16 日
审批意见（仅对超过一定规模的危险性较大分部分项工程专项方案）：   　　　　　　　　　　　　　　　　　　　　建设单位（盖章） 　　　　　　　　　　　　　　　　　　　　建设单位代表（签字） 　　　　　　　　　　　　　　　　　　　　　年　月　日

注：本表一式三份，项目监理机构、建设单位、施工单位各一份。

（7）范表（例二）

表 B.0.1 施工组织设计或（专项）施工方案报审表

工程名称：隆翔商务大厦   编号：SZ-007

致：汉华建设工程监理有限公司隆翔商务大厦监理项目部（项目监理机构）
 	
    我方已完成基坑开挖工程施工组织设计/（专项）施工方案的编制和审批，请予以审查。
 	
    附件：□施工组织设计
          ☑专项施工方案
          □施工方案
 	
（施工项目经理部盖章）
 	
                     项目经理（签字）
 	
                            2010 年 5 月 10 日

审查意见：
 	
    本方案专项施工方案于 5 月 8 日通过了专家评审，经审查，本方案已根据专家评审意见进行了修改。
 	
                     专业监理工程师（签字）
 	
                            2010 年 5 月 11 日

审核意见：
 	
    同意专业监理工程师意见，同意按修改完成后的方案实施，并请建设单位审批。
 	
（项目监理机构盖章）
 	
           总监理工程师（签字执业印章）
 	
                            2010 年 5 月 12 日

审批意见（仅对超过一定规模的危险性较大分部分项工程专项方案）：
 	
    请严格按照修改完成后的专项施工方案实施，保证现场施工安全。
 	
（建设单位盖章）
 	
                     建设单位代表（签字）
 	
                            2010 年 5 月 14 日

注：本表一式三份，项目监理机构、建设单位、施工单位各一份。

B.0.2 工程开工报审表

(1) 背景事件

建设单位已组织参加各方进行设计交底及图纸会审,图纸会审中的相关意见已经落实。《施工组织设计》已经项目监理机构审核同意。施工单位已建立相应的现场质量、安全生产管理体系。相关管理人员及特种施工人员资质已审查并已到位,主要施工机械已进场并验收完成,主要工程材料已落实到位,施工单位提出工程开工报审。

(2) 规范对应条文

《建设工程监理规范》(GB/T 50319—2013) 第5.1.8条、第5.1.9条。

(3) 规范用表说明

施工合同中含有多个单位工程且开工时间不一致时,同时开工的单位工程应填报一次。

总监理工程师审核开工条件并经建设单位同意后签发工程开工令。

(4) 适用范围

本表适用于单位工程项目开工报审。

(5) 填表注意事项

1) 表中建设项目或单位工程名称应与施工图中的工程名称一致。

2) 表中证明文件是指证明已具备开工条件的相关资料(施工组织设计的审批、施工现场质量管理检查记录表(GB50300—2001规范表A.0.1)的内容审核情况、主要材料、设备的准备情况、现场临时设施等的准备情况说明)。

3) 本表项目总监理工程师应根据《建设工程监理规范》第5.1.8条款中所列条件审核后签署意见,并报建设单位同意后签发开工令。

4) 本表必须由项目经理签字并加盖施工单位公章。

(6) 范表

表 B. 0. 2　工程开工报审表

工程名称：隆翔商务大厦　　　　　　　　　　　　　编号：KG-B001

致：隆翔置业有限公司（建设单位） 汉华建设工程监理有限公司隆翔商务大厦监理项目部（项目监理机构） 　　我方承担的隆翔商务大厦工程，已完成相关准备工作，具备开工条件，申请于2010年3月18日开工，请予以审批。 　　附件：证明文件资料： 　　施工现场质量管理检查记录表  　　　　　　　　　　　　　　　　　　　　　　　　　　单位（盖章） 　　　　　　　　　　　　　　　　　　　　项目经理（签字） 　　　　　　　　　　　　　　　　　　　　　　　　　2010 年 3 月 11 日
审核意见： 　　1. 本项目已进行设计交底及图纸会审，图纸会审中的相关意见已经落实。 　　2. 施工组织设计已经项目监理机构审核同意。 　　3. 施工单位已建立相应的现场质量、安全生产管理体系。 　　4. 相关管理人员及特种施工人员资质已审查并已到位，主要施工机械已进场并验收完成，主要工程材料已落实。 　　5. 现场施工道路及水、电、通信及临时设施等已按施工组织设计落实。 　　经审查，本工程现场准备工作满足开工要求，请建设单位审批。 汉华建设工程监理有限公司 隆翔商务大厦监理项目部 中华人民共和国注册监理工程师 张铭新 注册号 31008888 有效期限 汉华建设工程监理有限公司 　　　　　　　总监理工程师（签字）　张铭新 　　　　　　　　　　　　　　　　　　　　　　　2010 年 3 月 13 日
审批意见： 　　本工程已取得施工许可证，相关资金已经落实并按合同约定拨付施工单位，同意开工。  　　　　　　　　　　　　　　　　　　　　　建设单位（签字） 　　　　　　　　建设单位代表（签字） 　　　　　　　　　　　　　　　　　　　　　2010 年 3 月 14 日

注：本表一式三份，项目监理机构、建设单位、施工单位各一份。

B.0.3 工程复工报审表

（1）背景事件

事件一：对于基坑南侧市政管线竖向位移监测值超过设计报警值的事件，总监理工程师立即发出《工程暂停令》（T-001），并提交了《监理报告》（BG-002）。施工单位采取了针对性措施，基坑南侧管线竖向位移得到有效控制，故于2010年7月23日提出复工申请。

事件二：监理人员在现场巡视检查过程中发现，2011年7月18日进场的SBS防水卷材见证取样复试未完成，施工方已用于屋面防水工程施工，监理工程师于7月25日发出《监理通知单》（TZ-060）要求停止施工，但施工单位未执行通知要求，监理工程师又于7月26日发出工程暂停令（T-002），要求施工单位停止施工。施工单位根据要求于8月19日提供了SBS防水卷材见证取样复试合格的报告，并提出复工申请。

（2）规范对应条文

《建设工程监理规范》（GB/T 50319—2013）第6.2.7条。

（3）规范用表说明

工程复工报审时，应附有能够证明已具备复工条件的相关文件资料，包括相关检查记录、有针对性的整改措施及其落实情况、会议纪要、影像资料等。

（4）适用范围

本表用于因各种原因工程暂停后，停工原因消失后，施工单位准备恢复施工，向监理单位提出复工申请时。

（5）填表注意事项

1）表中证明文件可以为相关检查记录、制订的针对性整改措施及措施的落实情况、会议纪要、影像资料等。当导致暂停的原因是危及结构安全或使用功能时，整改完成后，应有建设单位、设计单位、监理单位各方共同认可的整改完成文件，其中涉及建设工程鉴定的文件必须由有资质的检测单位出具。

2）收到施工单位报送的《工程复工报审表》后，经专业监理工程师按照停工指示或监理部发出的《工程暂停令》指出的停工原因进行调查、审核和评估，并对施工单位提出的复工条件证明资料进行审核后提出意见，由总监理工程师做出是否同意申请的批复。

（6）范表（例一）

表 B.0.3 工程复工报审表

工程名称：隆翔商务大厦 　　　　　　　　　　　　　　　　　　编号：FG-001

<table>
<tr><td>
致：<u>汉华建设工程监理有限公司隆翔商务大厦监理项目部</u>（项目监理机构）

　　编号为　<u>T-001</u>　《工程暂停令》所停工的<u>基坑开挖</u>部位（工序），现已满足复工条件，我方申请于 <u>2010</u> 年 <u>7</u> 月<u>24</u> 日复工，请予以审批。

　　附件：证明文件资料

　　　　　基坑监测报告

项目经理（签字）<u>成武</u>

2010 年 7 月 23 日

</td></tr>
<tr><td>
审核意见：

　　施工单位采取了有效措施控制基坑变形，通过基坑监测数据分析，基坑南侧市政管线竖向位移已得到有效控制，具备复工条件，同意复工要求。

项目监理机构（盖章）

总监理工程师（签字）<u>　　　　　</u>

2010 年 7 月 23 日

</td></tr>
<tr><td>
审批意见：

　　经核查，条件已具备，同意复工要求。

建设单位（盖章）

建设单位代表（签字）<u>　　　　　</u>

2010 年 7 月 23 日

</td></tr>
</table>

注：本表一式三份，项目监理机构、建设单位、施工单位各一份。

（7）范表（例二）

表 B.0.3 工程复工报审表

工程名称：隆翔商务大厦 编号：F-002

致：汉华建设工程监理有限公司隆翔商务大厦监理项目部（项目监理机构） 　　编号为 T-002《工程暂停令》所停工的主楼屋面防水施工部位（工序），现已满足复工条件，我方申请于2011 年 8 月 20 日复工，请予以审批。 　　附件：证明文件资料 　　　　1. 特殊工种施工人员交底记录； 　　　　2. 6 月 21 日进场防水卷材复试报告； 　　　　3. 合格证明书（复印件各 1 份）。 　　　　　　　　　　　　　　　　　　　　海鸿建筑安装有限公司 　　　　　　　　　　　　　　　　　　　　隆翔商务大厦项目经理部（盖章） 　　　　　　　　　　　　　　　　　　　　项目经理（签字）　成斌 　　　　　　　　　　　　　　　　　　　　　　　　　　　2011 年 8 月 19 日
审核意见： 　　经核查，材料复试合格，同意用于本工程，同意主楼屋面天沟防水施工。 　　　　　　　　　　　　　　　　　　　　汉华建设工程监理有限公司 　　　　　　　　　　　　　　　　　　　　隆翔商务大厦监理项目部（盖章） 　　　　　　　　　　　　　　　　　　　　总监理工程师（签字）　张铭新 　　　　　　　　　　　　　　　　　　　　　　　　　　　2011 年 8 月 19 日
审批意见： 　　经核查，条件已具备，同意复工要求。 　　　　　　　　　　　　　　　　　　　　建设单位（盖章） 　　　　　　　　　　　　　　　　　　　　建设单位代表（签字）　黄静宁 　　　　　　　　　　　　　　　　　　　　　　　　　　　2011 年 8 月 19 日

注：本表一式三份，项目监理机构、建设单位、施工单位各一份。

B. 0. 4　分包单位资格报审表

（1）背景事件

施工单位根据《施工合同》要求，通过招标方式确定方兴机电安装工程有限公司为本项目智能建筑专业工程的分包单位，施工单位将分包单位资质报送项目监理机构审核。

（2）规范对应条文

《建设工程监理规范》（GB/T 50319—2013）第5.1.10条、第5.1.11条。

（3）规范用表说明

分包单位的名称应按《企业法人营业执照》全称填写；分包单位资质材料包括：营业执照、企业资质等级证书、安全生产许可文件、专职管理人员和特种作业人员的资格证书等；分包单位业绩材料是指分包单位近三年完成的与分包工程内容类似的工程及质量情况。

（4）适用范围

本表适用于各类分包单位的资格报审，包括劳务分包和专业分包。

（5）填表注意事项

1）在施工合同中已约定由建设单位（或与施工单位联合）招标确定的分包单位，施工单位可不再报审。

2）分包单位资质材料还应包括：特殊行业施工许可证、国外（境外）企业在国内施工工程许可证、拟分包工程的内容和范围等证明资料。

3）分包单位资质材料应注意资质年审合格情况，防止越级分包。

4）分包单位业绩材料是指分包单位近三年完成的与分包工程内容类似的工程及质量情况。

（6）范表

表 B.0.4　分包单位资格报审表

工程名称：隆翔商务大厦　　　　　　　　　　　　　　　　　　　　编号：FB-006

致：汉华建设工程监理有限公司隆翔商务大厦监理项目部（项目监理机构）

　　经考察，我方认为拟选择的方兴机电安装工程有限公司（分包单位）具有承担下列工程的施工或安装资质和能力，可以保证本工程按施工合同第专用合同条款第3.5　条款的约定进行施工或安装，请予以审查。

分包工程名称（部位）	分包工程量	分包工程合同额
智能建筑专业工程	包括综合布线、广播、网络、楼宇自控、门禁、安防、机房工程、无线对讲、有线电视等全部智能建筑工程。	2500.00 万元
合计		2500.00 万元

附件：1. 分包单位资质材料：营业执照、资质证书、安全生产许可证等证书复印件。

　　　2. 分包单位业绩材料：近3年类似工程施工业绩。

　　　3. 分包单位专职管理人员和特种作业人员的资格证书：各类人员资格证书复印件12份。

　　　4. 施工单位对分包单位的管理制度。

　　　　　　　　　　　　　　　　　　　　海鸿建筑安装有限公司
　　　　　　　　　　　　　　　　　　　　隆翔商务大厦项目经理部（盖章）

　　　　　　　　　　　　　　　　　　　　项目经理（签字）　成斌

　　　　　　　　　　　　　　　　　　　　2010 年 4 月 10 日

审查意见：

　　经核查，方兴机电安装工程有限公司具备智能建筑专业施工资质，未超资质范围承担业务；已取得全国安全生产许可证，且在有效期内；各类人员资格均符合要求，人员配置满足工程施工要求；具有同类施工资历，且无不良记录。

　　　　　　　　　　　　　　　　　　　　专业监理工程师（签字）　李力

　　　　　　　　　　　　　　　　　　　　2010 年 4 月 12 日

审核意见：

　　同意方兴机电安装工程有限公司进场施工。

　　　　　　　　　　　　　　　　　　　　汉华建设工程监理有限公司
　　　　　　　　　　　　　　　　　　　　隆翔商务大厦监理项目部（盖章）

　　　　　　　　　　　　　　　　　　　　总监理工程师（签字）　张铭新

　　　　　　　　　　　　　　　　　　　　2010 年 4 月 15 日

注：本表一式三份，项目监理机构、建设单位、施工单位各一份。

B.0.5　施工控制测量成果报验表

（1）背景事件

施工单位在收到监理单位 3 月 15 日开具的工程开工令后，立即组织测量人员根据建设单位提供的规划红线、基准或基准点、引进水准点标高文件进行了工程平面控制网和高程控制网布设测量工作，施工项目经理部于 3 月 19 日报监理复核。

（2）规范对应条文

《建设工程监理规范》（GB/T 50319—2013）第 5.2.5 条、第 5.2.6 条。

（3）规范用表说明

测量放线的专业测量人员资格（测量人员的资格证书）及测量设备资料（施工测量放线使用测量仪器的名称、型号、编号、校验资料等）应经项目监理机构确认。

测量依据资料及测量成果包括下列内容：

1）平面、高程控制测量：需报送控制测量依据资料、控制测量成果表（包含平差计算表）及附图。

2）定位放样：报送放样依据、放样成果表及附图。

（4）适用范围

本表用于施工单位施工控制测量完成并自检合格后，报送项目监理机构复核确认。

（5）填表注意事项

收到施工单位报送的《施工控制测量成果报验表》后，报专业监理工程师批复。专业监理工程师按标准规范有关要求，进行控制网布设、测点保护、仪器精度、观测规范、记录清晰等方面的检查、审核，意见栏应填写是否符合技术规范、设计等的具体要求，重点应进行必要的内业及外业复核；符合规定时，由专业监理工程师签认。

（6）范表

表 B.0.5　施工控制测量成果报验表

工程名称：隆翔商务大厦 　　　　　　　　　　　　　　　　　　　　　编号：CL-001

致：汉华建设工程监理有限公司隆翔商务大厦监理项目部（项目监理机构）

我方已完成隆翔商务大厦定位放线的施工控制测量，经自检合格，请予以查验。

附件：1. 施工控制测量依据资料：规划红线、基准或基准点、引进水准点标高文件资料；总平面
　　　布置图。

　　　2. 施工控制测量成果表：施工测量放线成果表。

　　　3. 测量人员的资格证书及测量设备检定证书。

海鸿建筑安装有限公司
隆翔商务大厦项目经理部

施工项目经理部（盖章）

项目技术负责人（签字）　宋书林

2010 年 3 月 19 日

审查意见：

经复核，控制网复核方位角传递均联系两个方向，水平角观测误差均在原来的度盘上两次复测无误；距离测量复核符合要求。

应对工程基准点、基准线，主轴线控制点实施有效保护。

汉华建设工程监理有限公司
隆翔商务大厦监理项目部

项目监理机构（盖章）

专业监理工程师（签字）　陈欣

2010 年 3 月 21 日

注：本表一式三份，项目监理机构、建设单位、施工单位各一份。

B. 0. 6 工程材料、构配件或设备报审表

（1）背景事件

2011 年 1 月 20 日进场的 HRB400 Φ 32 钢筋，经监理见证取样复试合格后，施工单位于 2011 年 1 月 24 日向项目监理机构报审，拟使用于 4 层剪力墙、柱部位。

（2）规范对应条文

《建设工程监理规范》（GB/T 50319—2013）第 5.2.9 条。

（3）规范用表说明

质量证明文件是指：生产单位提供的合格证、质量证明书、性能检测报告等证明资料。进口材料、构配件、设备应有商检的证明文件；新产品、新材料、新设备应有相应资质机构的鉴定文件。如无证明文件原件，需提供复印件，但应在复印件上加盖证明文件提供单位的公章。

自检结果是指：施工单位对所购材料、构配件、设备清单、质量证明资料核对后，对工程材料、构配件、设备实物及外部观感质量进行验收核实的自检结果。

由建设单位采购的主要设备则由建设单位、施工单位、项目监理机构进行开箱检查，并由三方在开箱检查记录上签字。

进口材料、构配件和设备应按照合同约定，由建设单位、施工单位、供货单位、项目监理机构及其他有关单位进行联合检查，检查情况及结果应形成记录，并由各方代表签字认可。

（4）适用范围

本表用于施工单位对工程材料、构配件、设备在施工单位自检合格后，向项目监理机构报审。

（5）填表注意事项

填写本表时应写明工程材料、构配件或设备的名称、进场时间、拟使用的工程部位等。

（6）范表

表 B.0.6　工程材料、构配件、设备报审表

工程名称：隆翔商务大厦　　　　　　　　　　　　　　　　　编号：CL-106

致：汉华建设工程监理有限公司隆翔商务大厦监理项目部（项目监理机构）
于2011 年 1 月20 日进场的拟用于工程　4 层剪力墙、柱部位的 HRB400 ⌀ 32 钢筋，经我方检验合格，请予以审查。 　　附件：1. 工程材料、构配件或设备清单：本次钢筋进场清单； 　　　　　2. 质量证明文件： 　　　　　1）质量证明书； 　　　　　2）钢筋见证取样复试报告。 　　　　　3. 自检结果： 　　　　　外观、尺寸符合要求。   　　　　　　　　　　　　　　　　　　　海鸿建筑安装有限公司 　　　　　　　　　　　　　　　　　　　隆翔商务大厦项目经理部（盖章） 　　　　　　　　　　　　　　　项目经理（签字）　成武 　　　　　　　　　　　　　　　　　　　　　　　2011 年 1 月 24 日
审查意见： 　　经复查上述工程材料，符合设计文件和规范的要求，同意进场并使用于拟定部位。   　　　　　　　　　　　　　　　　　　　汉华建设工程监理有限公司 　　　　　　　　　　　　　　　　　　　隆翔商务大厦监理项目部 　　　　　　　　　　　　　　　　项目监理机构（盖章） 　　　　　　　　　　　　　　专业监理工程师（签字）　陈欣 　　　　　　　　　　　　　　　　　　　　　　　2011 年 1 月 25 日

注：本表一式二份，项目监理机构、施工单位各一份。

B.0.7 报审、报验表

（1）背景事件

施工单位完成了 10 层剪力墙、柱及 11 层梁、板钢筋工程的安装，经自检合格后，于 2011 年 4 月 7 日向监理单位提出检验批验收申请。

（2）规范对应条文

《建设工程监理规范》（GB/T 50319—2013）第 5.2.7 条、第 5.2.8 条、第 5.2.14 条。

（3）规范用表说明

表 B.0.7 为报审/报验的通用表式，主要用于隐蔽工程、检验批、分项工程的报验，也可用于施工单位试验室等的报审。

有分包单位的，分包单位的报验资料应由施工单位验收合格后向项目监理机构报验。

隐蔽工程、检验批、分项工程需经施工单位自检合格后并附有相应工序和部位的工程质量检查记录，报送项目监理机构验收。

（4）适用范围

本表为报审、报验的通用表式，主要用于检验批、隐蔽工程、分项工程的报验。此外，也用于关键部位或关键工序施工前的施工工艺质量控制措施和施工单位试验室、用于试验测试单位、重要材料/构配件/设备供应单位、试验报告、运行调试等其他内容的报审。

（5）填表注意事项

1）分包单位的报验资料必须经施工单位审核通过后方可向监理单位报验。表中施工单位签名必须由施工单位相应人员签署。

2）本表用于隐蔽工程的检查和验收时，施工单位完成自检后填报本表，在填报本表时应附有相应工序和部位的工程质量检查记录。

3）用于试验报告、运行调试的报审时，由施工单位完成自检合格，填报本表并附上相应工程试验、运行调试记录等资料及规范对应条文的用表，报送项目监理机构。

4）用于试验检测单位、重要建筑材料设备分供单位及施工单位人员资质报审时，由试验检测单位、施工单位提供资质证书、营业执照、岗位证书等证明文件（提供复印件的应由本单位在复印件上加盖红章）按时向项目监理机构报验。

（6）范表

表 B.0.7　主楼 10F 柱剪力墙、梁、板钢筋安装工程检验批报审、报验表

工程名称：隆翔商务大厦　　　　　　　　　　　　　　　　　　编号：JYP-045

致：汉华建设工程监理有限公司隆翔商务大厦监理项目部（项目监理机构）

我方已完成 10 层剪力墙、柱及 11 层梁、板钢筋安装工作，经自检合格，请予以审查或验收。

附件：□隐蔽工程质量检验资料

☑检验批质量检验资料：钢筋安装工程检验批质量验收记录表

□分项工程质量检验资料

□施工试验室证明资料

□其他

海鸿建筑安装有限公司
隆翔商务大厦项目经理部（盖章）

项目经理或项目技术负责人（签字）宋书林

2011 年 4 月 7 日

审查或验收意见：

经现场验收检查，钢筋安装质量符合设计和规范要求，同意进行下一道工序。

汉华建设工程监理有限公司
隆翔商务大厦监理项目部
项目监理机构（盖章）

专业监理工程师（签字）陈欣

2011 年 4 月 8 日

注：本表一式二份，项目监理机构、施工单位各一份。

B.0.8 分部工程报验表

（1）背景事件

施工单位按照施工进度计划，完成了主体结构分部施工，并做好验收前的各项准备工作，于 2011 年 7 月 15 日向监理单位提出验收申请。

（2）规范对应条文

《建设工程监理规范》（GB/T 50319—2013）第 5.2.14 条。

（3）规范用表说明

分部工程质量控制资料包括：《分部（子分部）工程质量验收记录表》及工程质量验收规范要求的质量控制资料、安全及功能检验（检测）报告等。

（4）适用范围

本表用于项目监理机构对分部工程的验收。分部工程所包含的分项工程全部自检合格后，施工单位报送项目监理机构。

（5）填表注意事项

1）在分部工程完成后，应根据专业监理工程师签认的分项工程质量评定结果进行分部工程的质量等级汇总评定，填写本表报项目监理机构。总监理工程师组织对分部工程进行验收，并提出验收意见。

2）基础分部、主体分部和单位工程报验时应注意企业自评、设计认可、监理核定、建设单位验收、政府授权的质监站监督的程序。

（6）范表

表 B.0.8　分部工程报验表

工程名称：隆翔商务大厦　　　　　　　　　　　　　　　　　　编号：FB-002

致：汉华建设工程监理有限公司隆翔商务大厦监理项目部（项目监理机构） 　　我方已完成主体结构工程施工（分部工程），经自检合格，请予以验收。 　　附件：分部工程质量资料 　　1. 主体结构分部（子分部）工程质量验收记录； 　　2. 单位（子单位）工程质量控制资料核查记录（主体结构分部）； 　　3. 单位（子单位）工程安全和功能检验资料核查及主要功能抽查记录（主体结构分部）； 　　4. 单位（子单位）工程观感质量检查记录（主体结构分部）； 　　5. 主体混凝土结构子分部工程结构实体混凝土强度验收记录； 　　6. 主体结构分部工程质量验收证明书。 海鸿建筑安装有限公司 隆翔商务大厦项目经理部（签章） 　　　　　　　　　项目技术负责人（签字）宋书林 　　　　　　　　　　　　　　　　　　　2011 年 7 月 15 日
验收意见： 　　1. 主体结构工程施工已完成； 　　2. 各分项工程所含的检验批质量符合设计和规范要求； 　　3. 各分项工程所含的检验批质量验收记录完整； 　　4. 主体结构安全和功能检验资料核查及主要功能抽查符合设计和规范要求； 　　5. 主体结构混凝土外观质量符合设计和规范要求，未发现混凝质量通病； 　　6. 主体结构实体检测结果合格。 　　　　　　　　　专业监理工程师（签字）陈欣 　　　　　　　　　　　　　　　　　　　2011 年 7 月 17 日
验收意见： 　　同意验收。 汉华建设工程监理有限公司 隆翔商务大厦监理项目部（签章） 　　　　　　　　　总监理工程师（签字）张铭新 　　　　　　　　　　　　　　　　　　　2011 年 7 月 17 日

注：本表一式三份，项目监理机构、建设单位、施工单位各一份。

B.0.9　监理通知回复

（1）背景事件

事件一：监理人员在进行5F梁板、剪力墙钢筋验收中发现现场钢筋安装不符合规范和设计要求，向施工单位提出整改要求。施工单位按要求进行了整改，并回复监理项目部。

事件二：2011年7月25日监理人员在现场巡视检查过程中发现，2011年7月18日进场的SBS防水卷材见证取样复试未完成，施工方已用于屋面防水工程施工，向施工单位提出暂停屋面防水工程施工的整改要求。施工单位按要求进行了整改，并回复监理项目部。

事件三：监理安全管理人员现场巡视检查发现木工圆盘锯使用和焊接作业存在安全隐患，向施工单位提出整改要求。施工单位按要求整改完成后，回复监理项目部。

（2）规范对应条文

《建设工程监理规范》（GB/T 50319—2013）第5.2.15条。

（3）规范用表说明

回复意见应根据《监理通知单》的要求，简要说明落实整改的过程、结果及自检情况，必要时应附整改相关证明资料，包括检查记录、对应部位的影像资料等。

（4）适用范围

本表用于施工单位在收到《监理通知单》后，根据通知要求进行整改、自查合格后，向项目监理机构报送回复意见。

（5）填表注意事项

收到施工单位报送的《监理通知回复》后，一般可由原发出通知单的专业监理工程师对现场整改情况和附件资料进行核查，认可整改结果后，由专业监理工程师签认。

（6）范表（例一）

表 B.0.9　监理通知回复

工程名称：<u>隆翔商务大厦</u>　　　　　　　　　　　　　　　　　　编号：<u>TZH-035</u>

<table>
<tr><td>

致：<u>汉华建设工程监理有限公司隆翔商务大厦监理项目部</u>（项目监理机构）

　　我方接到编号为　<u>TZ-035</u>　的监理通知单后，已按要求完成相关工作，请予以复查。

　　附件：需要说明的情况

　　根据项目监理机构所提出的要求，我司在接到通知后，立即对通知单中所提钢筋安装过程出现的问题进行整改：

　　1. 对于③轴~④轴处框架梁处楼板上层钢筋保护层过厚的问题，已通过增加钢筋支架数量、提高楼板上层钢筋标高的措施进行整改。

　　2. 已按设计要求调整楼板留洞（⑤轴~⑥轴/Ⓔ轴~Ⓕ轴）补强钢筋、八字筋。

　　以上几项内容均以按要求整改，自检符合要求，请项目监理机构复查。

　　附件：整改后图片 8 张。

施工项目经理部（盖章）

项目经理（签字）＿＿＿＿＿＿

2010 年 12 月 11 日

</td></tr>
<tr><td>

复查意见：

　　经复查验收，已对通知单中所提问题进行了整改，并符合设计和规范要求。要求在今后的施工过程中引起重视，避免此类问题的再发生。

项目监理机构（盖章）

总监理工程师/专业监理工程师（签字）＿＿＿＿＿＿

2010 年 12 月 12 日

</td></tr>
</table>

注：本表一式三份，项目监理机构、建设单位、施工单位各一份。

（7）范表（例二）

表 B.0.9　监理通知回复

工程名称：隆翔商务大厦　　　　　　　　　　　　　　　　　　　　　编号：TZH-060

致：汉华建设工程监理有限公司隆翔商务大厦监理项目部（项目监理机构）
我方接到编号为　<u>TZ-060</u>　的监理通知单后，已按要求完成相关工作，请予以复查。 附件：需要说明的情况 　　根据项目监理机构所提出的要求，我司在接到通知后，立即停止了该部位的防水卷材铺设施工，组织工人对卷材铺设基层做处理，并组织召开施工班组交底，在卷材复试未合格前不得进行敷设施工。   　　　　　　　　　　　　　　　　　　　　　　　　　　　海鸿建筑安装有限公司 　　　　　　　　　　　　　　　　　　　　　　　　　　隆翔商务大厦项目经理部（章） 　　　　　　　　　　　　　　　　　　　　　　项目经理（签字）　成就 　　　　　　　　　　　　　　　　　　　　　　　　　　　　2011 年 7 月 26 日
复查意见： 　　经巡视检查，已停止该部位的防水卷材施工，监理人员将跟踪检查。   　　　　　　　　　　　　　　　　　　　　　　　　　　　汉华建设工程监理有限公司 　　　　　　　　　　　　　　　　　　　　　　　　　　隆翔商务大厦监理项目部 　　　　　　　　　　　　　　　　　　　　　　　　项目监理机构（盖章） 　　　　　　　　　总监理工程师/专业监理工程师（签字）　陈欣 　　　　　　　　　　　　　　　　　　　　　　　　　2010 年 7 月 26 日

注：本表一式三份，项目监理机构、建设单位、施工单位各一份。

（8）范表（例三）

表 B.0.9　监理通知回复

工程名称：隆翔商务大厦 编号：TZH-A020

致：汉华建设工程监理有限公司隆翔商务大厦监理项目部（项目监理机构）
我方接到编号为　TZ-A020　的监理通知单后，已按要求完成相关工作，请予以复查。 　　附件：需要说明的情况 　　根据项目监理机构所提出的要求，我司在接到通知后，立即进行组织人员对现场进行安全巡视检查，并对通知单中提出的安全隐患进行整改： 　　1. 对现场使用的 3 台木工圆盘锯安装了防护罩； 　　2. 更换氧气、乙炔瓶回止阀和卡口，并配置灭火器材。 　　3. 对焊接工人进行安全教育，规范工人操作，并向贵部补报新进场的特殊工种人员资格报审。 　　附件：安全交底记录 　　特殊工种人员资格报审及证书复印件   海鸿建筑安装有限公司 隆翔商务大厦项目经理部（盖章） 项目经理（签字）　成武 2010 年 11 月 10 日
复查意见： 　　经核查，已对通知单中所提安全隐患进行了整改，要求施工单位加强现场安全管理力度，消除安全隐患。   汉华建设工程监理有限公司（盖章） 隆翔商务大厦监理项目部 总监理工程师/专业监理工程师（签字）　杨赫 2010 年 11 月 10 日

注：本表一式三份，项目监理机构、建设单位、施工单位各一份。

B.0.10 单位工程竣工验收报审表

（1）背景事件

根据施工总进度计划，施工单位已完成施工合同所约定的所有工程量，并完成自检工作，工程验收资料已整理完毕，向项目监理机构提出竣工验收申请。项目监理机构对本工程进行了预验收工作，并提出单位工程预验收意见。

（2）规范对应条文

《建设工程监理规范》（GB/T 50319—2013）第5.2.18条。

（3）规范用表说明

每个单位工程应单独填报。质量验收资料是指：能够证明工程按合同约定完成并符合竣工验收要求的全部资料，包括单位工程质量控制资料，有关安全和使用功能的检测资料，主要使用功能项目的抽查结果等。对需要进行功能试验的工程（包括单机试车、无负荷试车和联动调试），应包括试验报告。

（4）适用范围

本表用于单位（子单位）工程完成后，施工单位自检符合竣工验收条件后，向建设单位及项目监理机构申请竣工验收。

（5）填表注意事项

1）施工单位已按工程施工合同约定完成设计文件所要求的施工内容，并对工程质量进行了全面自检，在确认工程质量符合法律、法规和工程建设强制性标准规定、符合设计文件及合同要求后，向项目监理机构填报《单位工程竣工验收报审表》。

2）表中质量验收资料指：能够证明工程按合同约定完成并符合竣工验收要求的全部资料，包括包括各分部（子分部）工程验收记录、单位（子单位）工程质量控制资料核查记录、单位（子单位）工程安全和功能检验资料核查及主要功能抽查记录、单位（子单位）工程观感质量检查记录表等。对需要进行功能试验的工程（包括单机试车、无负荷试车和联动调试），应包括试验报告。

3）项目监理机构在收到《单位工程竣工验收报审表》后应及时组织工程竣工预验收。

（6）范表

表 B. 0. 10　单位工程竣工验收报审表

工程名称：隆翔商务大厦　　　　　　　　　　　　　　　　　编号：001

致：汉华建设工程监理有限公司隆翔商务大厦监理项目部（项目监理机构）

　　我方已按施工合同要求完成隆翔商务大厦工程，经自检合格，现将有关资料报上，请予以预验收。

　　附件：1. 工程质量验收报告：工程竣工报告。

　　　　　2. 工程功能检验资料：

　　1）单位（子单位）工程质量竣工验收记录；

　　2）单位（子单位）工程质量资料核查记录；

　　3）单位（子单位）工程安全和功能检验资料核查及主要功能抽查记录；

　　4）单位（子单位）工程观感质量检查记录。

施工单位（盖章）

项目经理（签字）

2011 年 8 月 5 日

预验收意见：

　　经预验收，该工程合格，可以组织正式验收。

总监理工程师（签字、加盖执业印章）

2011 年　月　日

注：本表一式三份，项目监理机构、建设单位、施工单位各一份。

B. 0. 11 工程款支付报审表

（1）背景事件

按施工合同专用合同条款第 12.4 条约定，地基基础工程验收工作完成后，建设单位应在 2010 年 10 月 30 日前支付该工程地基基础分部（桩基子分部除外）的工程款。施工单位于 2010 年 10 月 19 日向建设单位提出支付基础工程分部部分工程款的申请。

（2）规范对应条文

《建设工程监理规范》（GB/T 50319—2013）第 5.3.1 条、第 5.3.2 条、第 5.3.5 条。

（3）规范用表说明

附件是指与付款申请有关的资料，如已完成合格工程的工程量清单、价款计算及其他与付款有关的证明文件和资料。

（4）适用范围

本表适用于施工单位工程预付款、工程进度款、竣工结算款、工程变更费用、索赔费用的支付申请，项目监理机构对申请事项进行审核并签署意见，经建设单位审批后作为工程款支付的依据。

（5）填表注意事项

1）施工单位应按合同约定的时间，向项目监理机构提交工程款支付报审表。

2）施工单位提交工程款支付报审表时，应同时提交与支付申请有关的资料，如已完成工程量报表、工程竣工结算证明材料、相应的支持性证明文件。

（6）范表

表 B.0.11　工程款支付报审表

工程名称：隆翔商务大厦　　　　　　　　　　　　　　　编号：ZF-002

致：汉华建设工程监理有限公司隆翔商务大厦项目监理机构（项目监理机构） 　　根据施工合同约定，我方已完成<u>地基基础分部工程的验收</u>工作，建设单位应在 <u>2010</u> 年 <u>10</u> 月 <u>30</u> 日前支付该项工程款共计（大写）<u>人民币壹仟玖佰玖拾叁万柒仟贰佰伍拾柒元整</u>（小写： <u>￥19937257.00</u> 元），现将有关资料报上，请予以审核。 　　附件： 　　☑ 已完成工程量报表：见附件 　　☐ 工程竣工结算证明材料 　　☑ 相应支持性证明文件：见附件 　　　　　　　　　　　　　　　　　　　　　　（海鸿建筑安装有限公司 　　　　　　　　　　　　　　　　　　　　隆翔商务大厦项目经理部）施工单位（盖章） 　　　　　　　　　　　　　　　　　　　　　　项目经理（签字）成武 　　　　　　　　　　　　　　　　　　　　　　　　　2010 年 10 月 19 日
审查意见： 　　1. 施工单位应得款为：19611038.00 元； 　　2. 本期应扣款为：408236.00 元； 　　3. 本期应付款为：19202802.00 元。 　　附件：相应支持性材料 　　　　　　　　　　　　　　　　　　专业监理工程师（签字）王稿 　　　　　　　　　　　　　　　　　　　　　　　2010 年 10 月 23 日
审核意见： 　　经审核，专业监理工程师审查结果正确，请建设单位审批。 　　　　　　　　　　　　　　　　　　（汉华建设工程监理有限公司 　　　　　　　　　　　　　　　　隆翔商务大厦监理项目部）项目监理机构（盖章） （中华人民共和国注册监理工程师 张铭新 注册号 31008888 有效期 2013.05.08） 　　总监理工程师（签字、执业印章）张铭新 　　　　　　　　　　　　　　　　　　　　　　2010 年 10 月 26 日
审批意见： 　　同意监理意见，支付本次工程款共计人民币壹仟玖佰贰拾万贰仟捌佰零贰元整。 　　　　　　　　　　　　　　　　　　　　　　建设单位（盖章） 　　　　　　　　　　　　　　　　　　建设单位代表（签字）黄静存 　　　　　　　　　　　　　　　　　　　　　　2010 年 10 月 28 日

注：本表一式三份，项目监理机构、建设单位、施工单位各一份；工程竣工结算报审时本表一式四份，
　　项目监理机构、建设单位各一份、施工单位二份。

B.0.12 施工进度计划报审表

（1）背景事件

事件一：施工单位根据合同要求编制了本工程总施工进度计划，并经施工单位技术负责人审批，报监理单位审核。

事件二：本工程主体结构施工于 2011 年 7 月将完成，施工单位根据合同要求对本工程装饰装修阶段的施工进度提出阶段性施工进度计划并报监理单位审核。

（2）规范对应条文

《建设工程监理规范》（GB/T 50319—2013）第 5.4.1 条、第 5.4.2 条。

（3）适用范围

该表为施工单位向项目监理机构报审工程进度计划的用表，由施工单位填报，项目监理机构审批。

工程进度计划的种类有总进度计划、年、季、月、周进度计划及关键工程进度计划等，报审时均可使用本表。

（4）填表注意事项

1）施工单位应按施工合同约定的日期，将总体进度计划提交监理工程师，监理工程师按合同约定的时间予以确认或提出修改意见。

2）群体工程中单位工程分期进行施工的，施工单位应按照建设单位提供图纸及有关资料的时间，分别编制各单位工程的进度计划，并向项目监理机构报审。

3）施工单位报审的总体进度计划必须经其企业技术负责人审批，且编制、审核、批准人员签字及单位公章齐全。

（5）范表（例一）

表 B.0.12 施工进度计划报审表

工程名称：隆翔商务大厦 编号：JH-001

致：汉华建设工程监理有限公司隆翔商务大厦监理项目部（项目监理机构）
根据施工合同的约定，我方已完成隆翔商务大厦工程施工进度计划的编制和批准，请予以审查。 附件：☑施工总进度计划：工程总进度计划 　　　□阶段性进度计划 　　　　　　　　　　　　　　　　　　　　　海鸿建筑安装有限公司 　　　　　　　　　　　　　　　　　　　　　隆翔商务大厦项目经理部（盖章） 　　　　　　　　　　　　　　　　　项目经理（签字）成斌 　　　　　　　　　　　　　　　　　　　　　2010 年 3 月 11 日
审查意见： 　　经审查，本工程总进度计划施工内容完整，总工期满足合同要求，符合国家相关工期管理规定，同意按此计划组织施工。   　　　　　　　　　　　　　　　　专业监理工程师（签字）陈欣 　　　　　　　　　　　　　　　　　　　　　2010 年 3 月 14 日
审核意见： 　　同意按此施工进度计划组织施工。   　　　　　　　　　　　　　　　　　　　汉华建设工程监理有限公司 　　　　　　　　　　　　　　　　　　　隆翔商务大厦监理项目部（盖章） 　　　　　　　　　　　　　　　　总监理工程师（签字）张铭新 　　　　　　　　　　　　　　　　　　　　　2010 年 3 月 15 日

注：本表一式三份，项目监理机构、建设单位、施工单位各一份。

（6）范表（例二）

表 B.0.12 施工进度计划报审表

工程名称：隆翔商务大厦   编号：JH-010

致：汉华建设工程监理有限公司隆翔商务大厦监理项目部（项目监理机构）

    根据施工合同的约定，我方已完成隆翔商务大厦装饰装修工程施工进度计划的编制和批准，请予以审查。

    附件：□施工总进度计划

           ☑阶段性进度计划：隆翔商务大厦装饰装修工程施工进度计划

（海鸿建筑安装有限公司隆翔商务大厦项目经理部 盖章）

项目经理（签字）成斌

2011 年 6 月 21 日

审查意见：

    经审查，施工内容完整，施工顺序合理，工期计划满足总进度计划的要求，同意按此计划组织施工。

专业监理工程师（签字）陈欣

2011 年 6 月 24 日

审核意见：

    同意按此施工进度计划组织施工。

（汉华建设工程监理有限公司隆翔商务大厦监理项目部 盖章）

总监理工程师（签字）张铭新

2011 年 6 月 25 日

注：本表一式三份，项目监理机构、建设单位、施工单位各一份。

B.0.13 费用索赔报审表

（1）背景事件

因甲供进口大理石石材未按时到货，施工单位在合同约定的时间内向建设单位及项目监理机构提出了窝工损失和工期延误的索赔意向书，工程结算时施工单位向建设单位提出费用索赔索赔。

（2）规范对应条文

《建设工程监理规范》（GB/T 50319—2013）第6.4.3条、第6.4.4条。

（3）规范用表说明

证明材料应包括：索赔意向书、索赔事项的相关证明材料。

（4）适用范围

该表为施工单位报请项目监理机构审核工程费用索赔事项的用表。

（5）填表注意事项

1）依据合同规定，非施工单位原因造成的费用增加，导致施工单位要求费用补偿时方可申请。

2）施工单位在费用索赔事件结束后的规定时间内，填报费用索赔报审表，向项目监理机构提出费用索赔。表中应详细说明索赔事件的经过、索赔理由、索赔金额的计算，并附上证明材料。

3）收到施工单位报送的费用索赔报审表后，总监理工程师应组织专业监理工程师按标准规范及合同文件有关章节要求进行审核与评估，并与建设单位、施工单位协商一致后进行签认，报建设单位审批，不同意部分应说明理由。

(6) 范表

表 B.0.13 费用索赔报审表

工程名称：隆翔商务大厦 编号：SP-002

<table>
<tr><td>

致：汉华建设工程监理有限公司隆翔商务大厦监理项目部（项目监理机构）

　　根据施工合同专用合同条款第 16.1.2 第（4）、（5）条款，由于甲供材料未及时进场，致使工程工期延误，且造成我司现场施工人员停工的原因，我方申请索赔金额（大写）<u>叁万伍仟元人民币</u>，请予批准。

　　索赔理由：<u>因甲供进口大理石石材，未按时到货，造成我司现场施工人员窝工，及其他后续工序无法进行。</u>

　　附件：□索赔金额计算
　　　　　□证明材料

［海鸿建筑安装有限公司
隆翔商务大厦项目经理部（公章）］

项目经理（签字）　成功
2011 年 8 月 15 日

</td></tr>
<tr><td>

审核意见：

　　□不同意此项索赔。

　　☑同意此项索赔，索赔金额为（大写）人民币壹万叁仟伍佰元整。

　　同意/不同意索赔的理由：由于停工 10 天中有 3 天为施工单位应承担的责任，另外有 2 天虽为开发商应承担的责任，但不影响机械使用及人员可另作安排别的工种工作，此 2 天只须赔付人工降效费，只有 5 天须赔付机械租赁费及人员窝工费。

　　$5 \times (1000 + 15 \times 100) + 2 \times 10 \times 50 = 13500$ 元

　　注：根据协议机械租赁费每天按 1000 元、人员窝工费每天按 100 元、人工降效费每天按 50 元计算。

　　附件：□索赔审查报告

［中华人民共和国注册监理工程师 张铭新 注册号 31008888 有效期 2013.05.08　汉华建设工程监理有限公司（加盖执业专用章）］
［汉华建设工程监理有限公司 隆翔商务大厦监理项目部（公章）］
总监理工程师　张铭新
（项目监理机构（盖章））
2011 年 8 月 18 日

</td></tr>
<tr><td>

审批意见：

　　同意监理意见。

（建设单位（盖章））
建设单位代表（签字）　黄静芳
2011 年 8 月 25 日

</td></tr>
</table>

注：本表一式三份，项目监理机构、建设单位、施工单位各一份。

B.0.14 工程临时或最终延期报审表

（1）背景事件

因临近施工现场的市政管网改建，相关部门发出了对本项目停水、停电的通知，对本项目停水、停电 2 日。施工单位在合同规定的时限内向建设单位提出工程临时延期报审。相关部门在 4 日后恢复向本工程供水、供电，施工单位在停工 4 日后复工，并向建设单位提出工程最终延期报审。

（2）规范对应条文

《建设工程监理规范》（GB/T 50319—2013）第 6.5.2 条。

（3）适用范围

依据合同规定，非施工单位原因造成的工期延期，导致施工单位要求工期补偿时采用的申请用表。

（4）填表注意事项

1）施工单位在工程延期的情况发生后，应在合同规定的时限内填报工程临时延期报审表，向项目监理机构申请工程临时延期。工程延期事件结束，施工单位向工程项目监理机构最终申请确定工程延期的日历天数及延迟后的竣工日期。

2）施工单位应详细说明工程延期依据、工期计算、申请延长竣工日期，并附上证明材料。

3）收到施工单位报送的工程临时延期报审后，经专业监理工程师按标准规范及合同文件有关章节要求，对本表及其证明材料进行核查并提出意见，签认《工程临时或最终延期审批表》，并由总监理工程师审核后报建设单位审批。工程延期事件结束，施工单位向工程项目监理机构最终申请确定工程延期的日历天数及延迟后的竣工日期；项目监理机构在按程序审核评估后，由总监理工程师签认《工程临时或最终延期审批表》，不同意延期的应说明理由。

（5）范表（例一）

表 B.0.14 工程临时/最终延期报审表

工程名称：隆翔商务大厦 编号：YQ-001

致：汉华建设工程监理有限公司隆翔商务大厦监理项目部（项目监理机构）

致：汉华建设工程监理有限公司隆翔商务大厦监理项目部（项目监理机构）

根据施工合同第 2.4 条、第 7.5 条（条款），由于非我方原因停水、停电原因，我方申请工程临时/最终延期 2 （日历天），请予批准。

附件：

1. 工程延期依据及工期计算：16 小时/8 小时 = 2 （天）；
2. 证明材料：（1）停水通知/公告；（2）停电通知/公告。

海鸿建筑安装有限公司
隆翔商务大厦项目经理部 （盖章）

项目经理（签字）成武

2011 年 6 月 6 日

审核意见：

☑同意工程临时/最终延期 2 （日历天）。工程竣工日期从施工合同约定的 2012 年 7 月 18 日延迟到 2012 年 7 月 20 日。

□不同意延期，请按约定竣工日期组织施工。

汉华建设工程监理有限公司
隆翔商务大厦监理项目部 （项目监理机构）（盖章）

中华人民共和国注册监理工程师
张铭新
注册号 31008888
有效期 2013.05.08
汉华建设工程监理有限公司

总监理工程师（签字）张铭新

2011 年 6 月 7 日

审批意见：

同意临时延长工程工期 2 天。

建设单位（盖章）

建设单位代表（签字）黄静好

2011 年 6 月 8 日

注：本表一式三份，项目监理机构、建设单位、施工单位各一份。

（6）范表（例二）

表 B.0.14 工程临时/最终延期报审表

工程名称：隆翔商务大厦   编号：YQ-002

致：隆翔置业有限公司（建设单位）
汉华建设工程监理有限公司隆翔商务大厦监理项目部（项目监理机构）
    根据施工合同第2.4条、第7.5条（条款），由于非我方原因停水、停电原因，我方申请工程临时/最终延期 4 （日历天），请予批准。
    附件：
    1. 工程延期依据及工期计算：非我方原因停水、停电4天；
    2. 证明材料：（1）停水通知/公告；（2）停电通知/公告。
 	
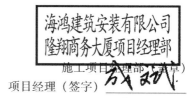
                                     施工项目经理部（盖章）
                                     项目经理（签字）
                                     2011 年 6 月 15 日

审核意见：
  ☑同意工程临时/最终延期 2 （日历天）。工程竣工日期从施工合同约定的2012 年 7 月18 日延迟到2012 年 7 月20 日。
  □不同意延期，请按约定竣工日期组织施工。
    在停水、停电期间现场工程施工节点对工程总进度计划的关键线路的影响，可通过对之后的关键施工工序进行调整，补回2日工期，故同意最终延长工程工期2天。
 	
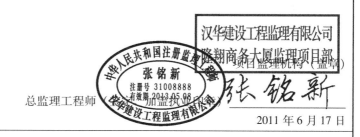
                                     项目监理机构（盖章）
                             总监理工程师（加盖执业印章）
                                     2011 年 6 月 17 日

审批意见：
    同意监理审核意见，同意最终延长工期2天。

                                     建设单位（盖章）
                                     建设单位代表（签字）
                                     2011 年 6 月 18 日

注：本表一式三份，项目监理机构、建设单位、施工单位各一份。

2.4 C类表（通用表）

C.0.1 工作联系单

（1）背景事件

工程施工图已通过审图公司审核，建设单位组织参建各方对施工图进行设计交底和图纸会审，并向项目监理机构及施工项目经理部发出工作联系单进行工作联系。

（2）规范对应条文

《建设工程监理规范》（GB/T 50319—2013）第5.1.5条。

（3）规范用表说明

工程建设有关方相互之间的日常书面工作联系，包括：告知、督促、建议等事项。

（4）适用范围

本表用于项目监理机构与工程建设有关方（包括建设、施工、监理、勘察设计和上级主管部门）相互之间的日常书面工作联系，有特殊规定的除外。

（5）填表注意事项

1）工作联系的内容包括：施工过程中，与监理有关的某一方需向另一方或几方告知某一事项或督促某项工作、提出某项建议等。

2）发出单位有权签发的负责人应为：建设单位的现场代表、施工单位的项目经理、监理单位的项目总监理工程师、设计单位的本工程设计负责人及项目其他参建单位的相关负责人等。

(6) 范表

表 C.0.1 工作联系单

工程名称：**隆翔商务大厦**　　　　　　　　　　　　　　　　编号：YZ-L001

<table>
<tr><td>

致：汉华建设工程监理有限公司隆翔商务大厦监理项目部
　　海鸿建筑安装工程有限公司隆翔商务大厦项目部

　　我方已与设计单位商定于 2011 年 2 月 20 日上午 9 时进行本工程设计交底和图纸会审工作，请贵方做好有关准备工作。

发文单位

负责人（签字）

2011 年 2 月 10 日

</td></tr>
</table>

C.0.2 工程变更单

（1）背景事件

由于施工单位未及时采购备料，造成 HRB335 Φ 12 钢筋不能按时提供现货，施工单位提出将 19 层、20 层楼板钢筋改用 HRB400 Φ 12 钢筋替代，钢筋间距作相应调整，请建设单位和设计单位确认。根据施工合同的相关约定，该项材料代换不涉及费用及工期变更。

（2）规范对应条文

《建设工程监理规范》（GB/T 50319—2013）第 6.3.1 条、第 6.3.2 条。

（3）适用范围

本表仅适用于依据合同和实际情况对工程进行变更时，在变更单位提出变更要求后，由建设单位、设计单位、监理单位和施工单位共同签认意见。

（4）填表注意事项

1）本表应由提出方填写，写明工程变更原因、工程变更内容，并附必要的附件，包括：工程变更的依据、详细内容、图纸；对工程造价、工期的影响程度分析，及对功能、安全影响的分析报告。

2）对涉及工程设计文件修改的工程变更，应由建设单位转交原设计单位修改工程设计文件。

（5）范表

表 C.0.2　工程变更单

工程名称：隆翔商务大厦　　　　　　　　　　　　　　　　　　编号：BG-010

致：隆翔置业有限公司、滨海时代建筑设计研究院、汉华建设工程监理有限公司隆翔商务大厦监理项目部

由于 HRB335 ϕ 12 钢筋不能及时供货原因，兹提出工程 19 层、20 层楼板钢筋改用 HRB400 ϕ 12 钢筋替代，钢筋间距作相应调整工程变更，请予以审批。

附件：
☑变更内容
☑变更设计图
☑相关会议纪要
☐其他

海鸿建筑安装有限公司
隆翔商务大厦项目经理部位：

负责人：成武

2011 年 6 月 5 日

工程数量增/减	无
费用增/减	无
工期变化	无

同意	同意
海鸿建筑安装有限公司 隆翔商务大厦项目经理部 施工项目经理部（盖章） 项目经理（签字）成武	设计单位（盖章） 设计负责人（签字） 时代建筑设计审核专用章
同意	同意
汉华建设工程监理有限公司 隆翔商务大厦监理项目部 项目监理机构（盖章） 总监理工程师（签字）张铭新	建设单位（盖章） 负责人（签字）黄静雯 隆翔置业有限公司 

注：本表一式四份，建设单位、项目监理机构、设计单位、施工单位各一份。

C.0.3　索赔意向通知书

（1）背景事件

因甲供进口大理石石材未按时到货，造成施工单位窝工损失和工期延误，施工单位在合同约定的时间内向建设单位及项目监理机构提出了的索赔意向书。

（2）规范对应条文

《建设工程监理规范》（GB/T 50319—2013）第6.4.3条、第6.4.4条。

（3）适用范围

本表适用于工程中发生可能引起索赔的事件后，受影响的单位依据法律法规和合同要求，向相关单位声明/告知拟进行相关索赔的意向。

（4）填表注意事项

1）索赔意向通知书宜明确以下内容：

①事件发生的时间和情况的简单描述；

②合同依据的条款和理由；

③有关后续资料的提供，包括及时记录和提供事件发展的动态；

④对工程成本和工期产生的不利影响及其严重程度的初步评估；

⑤声明/告知拟进行相关索赔的意向。

2）本表应发送给拟进行相关索赔的对象，并同时抄送给项目监理机构。

（5）范表

表 C.0.3　索赔意向通知书

工程名称：隆翔商务大厦　　　　　　　　　　　　　　　　　　编号：SPTZ-002

致：隆翔置业有限公司
　　汉华建设工程监理有限公司隆翔商务大厦监理项目部
　　根据施工合同专用合同条款第 16.1.2 第（4）、（5）（条款）约定，由于发生了甲供材料未及时进场，致使工程工期延误，且造成我司现场施工人员窝工事件，且该事件的发生非我方原因所致。为此，我方向隆翔置业有限公司（单位）提出索赔要求。

　　附件：索赔事件资料

（承包人全称及盖章）

负责人（签字）　成武

2011 年 9 月 6 日